水素利用技術集成 Vol.5

水素ステーション・設備の安全性

監修 井上雅弘

NTS

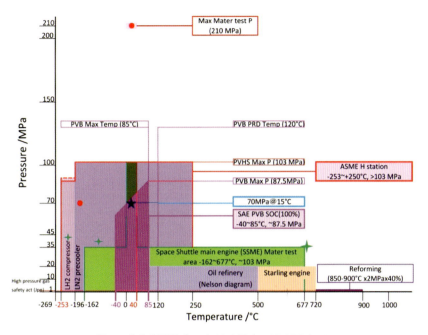

図1 水素利用技術における圧力・温度図(p.4)

(ASME:米国機械学会,H station:水素ステーション,LH$_2$ compressor:液化水素直接圧縮機,LN$_2$ precooler:液化窒素利用プレクーラー,PRD:安全弁,PVB:車載容器,PVHS:水素ステーション蓄圧器,SAE:自動車技術者協会,✚:Space shuttle の運転条件)

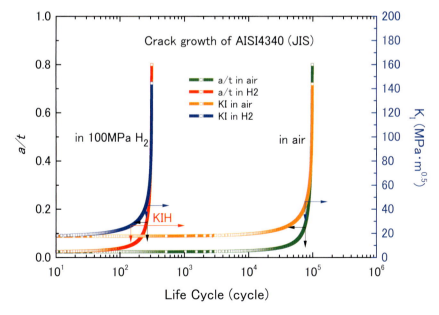

図6 AISI4340 で製作した円筒容器モデルの最高圧 100 MPa の水素および大気による充填／放出に伴う疲労き裂進展の計算例(p.8)

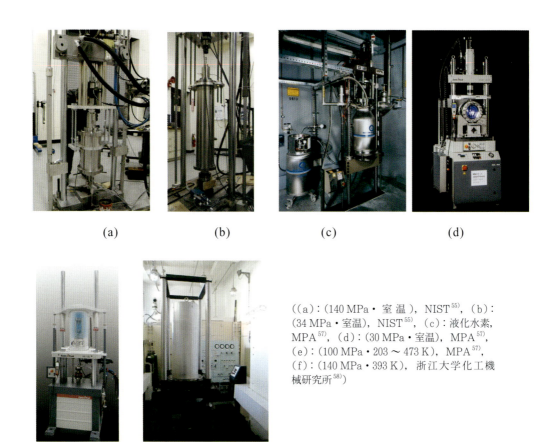

((a):(140 MPa・室温), NIST[55], (b):(34 MPa・室温), NIST[55], (c):液化水素, MPA[57], (d):(30 MPa・室温), MPA[57], (e):(100 MPa・203〜473 K), MPA[57], (f):(140 MPa・393 K), 浙江大学化工機械研究所[58])

図18 世界の液化水素試験機および水素ガス脆化試験機 (p.15)

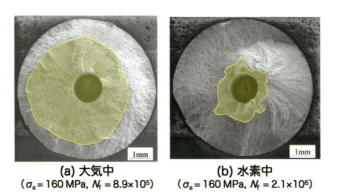

(a) 大気中　(σ_a = 160 MPa, N_f = 8.9×10^5)　(b) 水素中　(σ_a = 160 MPa, N_f = 2.1×10^6)

図12 破面全体写真例 (A7075) (p.56)

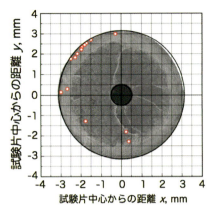

図14 ストライエーション観察位置（p.57）

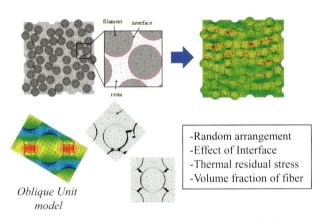

図5 傾斜ユニットモデルによるミクロ強度評価[9)10)]（p.62）

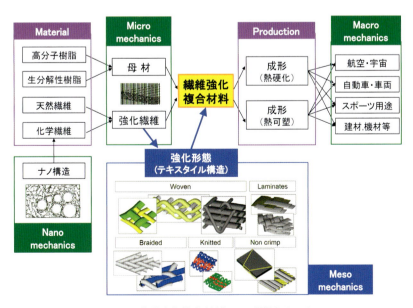

図6 繊維強化複合材料のメゾ構造（p.63）

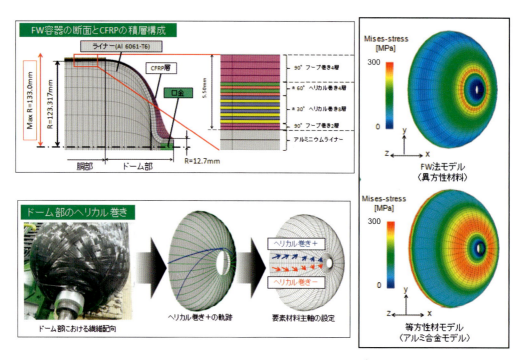

図11 水素蓄圧容器の有限要素モデルと解析例[32] (p.66)

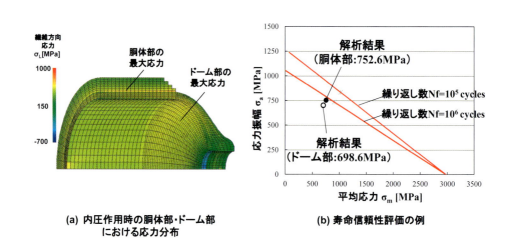

(a) 内圧作用時の胴体部・ドーム部における応力分布

(b) 寿命信頼性評価の例

図16 寿命信頼性評価の例[35)36)] (p.69)

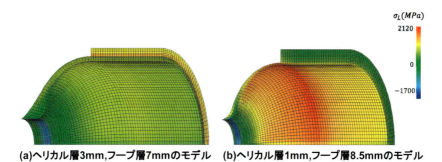

図18 層厚を変えた場合のFRP層の応力分布[30] (p.69)

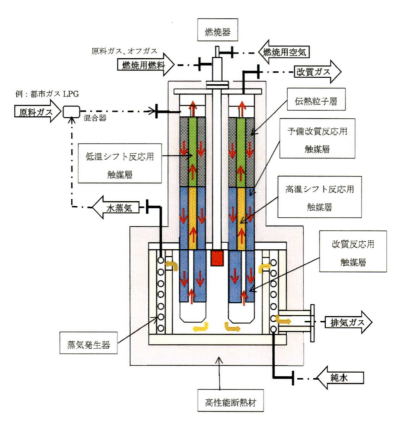

図2 複合型改質器の概略図 (p.77)

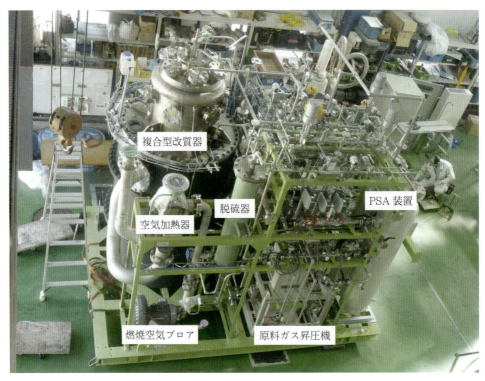

図4 複合型改質器を搭載した水素製造装置[2] (p.78)

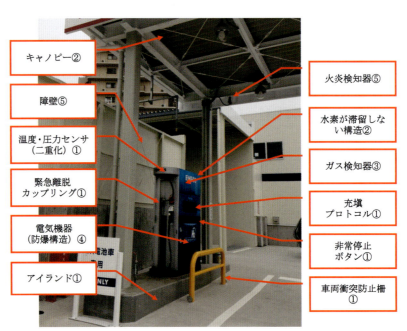

（○数字は安全対策の考え方の項目No.）

図2 水素ディスペンサーと水素ディスペンサー周辺の安全設備，機能 (p.101)

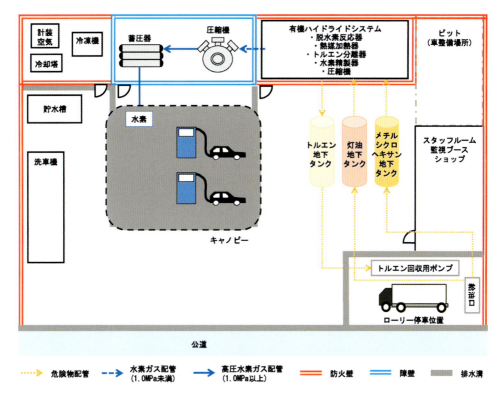

図1 有機ハイドライド型水素ステーションのモデル (p.135)

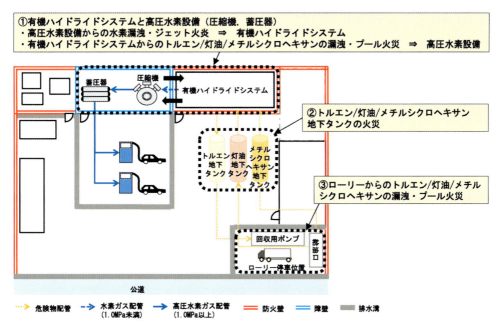

図3 有機ハイドライド型水素ステーションの特徴的な事故シナリオ (p.138)

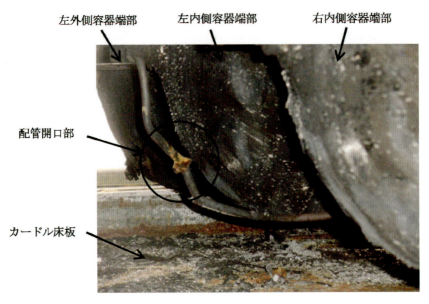

図1 容器の安全弁接続配管の開口部（p.186）

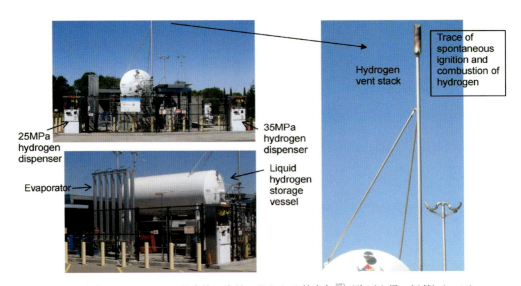

図4 水素ステーションの放出管の先端に見られる熱変色[27]（許可を得て転載）（p.192）

序　文

　水素は大幅な省エネルギーや環境負荷低減，優れた利便性などの可能性から，燃料電池自動車や水素ステーション，家庭用燃料電池の普及などに向け，様々な取組が進められている。また，水素導管供給の対象として東京2020オリンピック選手村地区が計画されている。

　このように，本格的な水素利用が始まろうとしている。しかし水素の利点は認めつつも安全性に疑問を持つ人も少なくない。水素は子供の頃から耳にした言葉であるが，実際に利用した経験のある人は少ない。水素がどのくらい危険なのかほとんどの人は実感がない。人類はガソリンや都市ガスなど，便利ではあるが危険なものを，災害を経験しながら徐々に安全に利用する方法を身につけてきた。水素もいずれは身近で便利な存在になると考えられるが，できれば，これまでのような災害なしに安全に利用する方法を身につけたいものである。

　本書は，水素を安全に利用するために不可欠な事項を収集している。水素はエネルギーキャリアとして電気とは異なる長所を持つ。すなわち貯蔵性であるが，水素の特性上，高圧で貯蔵することになる。特に自動車では 70 MPa という超高圧が使用される。従ってこの水素貯蔵回りでは，これまで一般の人々が経験したことがない超高圧で水素が使用される。このため，関連する設備や機器は同じ規格が望ましく，国内のみならず国際的な枠組みでの標準化が必要である。本書では，まずこのことを説明する。また，超高圧の水素が触れる金属・ゴムなどの材料は水素脆化などの影響で強度や耐久性が低下することがあり様々な評価が行われている。本書では，これらについて実例とともに分かりやすく説明している。

　燃料電池自動車には，水素を供給する水素ステーションが不可欠である。これには様々な超高圧の装置が必要であり，本書では水素の安全な取り扱い方法，水素製造装置，蓄圧器，圧縮機，ディスペンサー，バルブ，ホース，シール，プレクーラーなどの安全性および水素ステーションの安全性対策を述べ，さらに水素検知技術，水素漏洩拡散爆発シミュレーション・実験の成果を記述する。

　液体水素を海外から船で輸入することも計画されている。また，導管による水素供給もすでに行われている。本書はこれらの安全対策についても述べ，最後に事故調査，施設の安全について記述した。

　水素の船舶動力への利用，ポータブル水素発電機，大型水素専焼タービンなども検討されており，実用化が期待されるが，これらの輝かしい未来も安全が基本である。人災にはなっていないが既にいくつかの災害が報道されている。水素の燃焼実験中，水素はよく燃えると実感したことがある。1つは燃焼実験後，水素供給チューブ内の奥まで燃焼が伝播することである。これは，高速度カメラの映像から偶然発見した。それまで燃焼実験後に流量計が必ずエラーとなる理由が不明であった。もう1つは水素ガスを止め忘れていたので，燃焼実験後も水素供給口で燃焼が継続したことである。水素は炎が見えないので気がつかなかったが，チリチリという音と臭いで，容器が焦げているのを発見した。現在ガス供給は全てコンピュータにより制御している。

ヒヤリハットは過去の災害に学ぶ方法である。重要な安全対策であるが，災害が少なくとも1回は発生することになる。これからは災害の可能性を予見して，災害なしに安全対策を確立することが，日本のとるべき手法と考える。そのためには十分な知識が必要であり，本書はその目的で編集されている。新しい技術は新しい災害をもたらしてきた。今回はそうならないことを切に願っている。

2018年10月　井上　雅弘

監修・執筆者一覧 (掲載順)

監修者 (敬称略)

井上　雅弘　　九州大学大学院工学研究院 / 水素エネルギー国際研究センター　准教授

執筆者 (敬称略)

横川　清志　　(元)独立行政法人産業技術総合研究所　副部門長
高井　健一　　上智大学理工学部　教授
緒形　俊夫　　国立研究開発法人物質・材料研究機構構造材料研究拠点　特命研究員
上野　　明　　立命館大学理工学部　教授
倉敷　哲生　　大阪大学大学院工学研究科　教授
今　　　肇　　大日機械工業株式会社エネルギー技術部　主幹
直井登貴夫　　大日機械工業株式会社　執行役員
鳥巣　秀幸　　大日機械工業株式会社　代表取締役社長
荒島　裕信　　株式会社日本製鋼所新事業推進本部水素事業推進室室蘭分室　分室長
高野　俊夫　　JFEコンテイナー株式会社高圧ガス容器事業部　技監
櫻井　　茂　　日立オートモティブシステムズメジャメント株式会社技術開発本部開発部　部長
下村　一普　　株式会社ブリヂストン化工品開発第1本部鉱山 / 産業・建機 / 農機ソリューション開発グループホース開発部　部長
古賀　　敦　　NOK株式会社技術本部材料技術部材料開発二課　副課長
坂本　惇司　　横浜国立大学先端科学高等研究院　助教
三宅　淳巳　　横浜国立大学先端科学高等研究院　教授
朝日　一平　　株式会社四国総合研究所電子技術部　副主席研究員
杉本　幸代　　株式会社四国総合研究所電子技術部　研究員
茂木　俊夫　　東京大学大学院工学系研究科　准教授
加賀谷博昭　　川崎重工業株式会社技術開発本部水素チェーン開発センターHSEシステム開発室　室長
孝岡　祐吉　　技術研究組合CO$_2$フリー水素サプライチェーン推進機構技術開発部　基幹職
堀口　貞玆　　(元)独立行政法人産業技術総合研究所爆発安全研究センター　気相爆発研究チーム長
井上　雅弘　　九州大学大学院工学研究院 / 水素エネルギー国際研究センター　准教授

目 次

第1章 高圧水素ガス雰囲気中の金属材料の水素脆化評価方法の国際的動向

横川 清志

1. はじめに …………………………………………………………… 3
2. 水素脆化評価 ……………………………………………………… 3
3. 水素ガス脆化評価試験装置 ……………………………………… 9
4. 水素ガス脆化試験機の国際的動向 ……………………………… 13
5. おわりに …………………………………………………………… 16

第2章 水素材料の強度評価技術

第1節 水素脆化の特徴とメカニズム解明に向けて

高井 健一

1. はじめに …………………………………………………………… 21
2. 水素脆化とは ……………………………………………………… 22
3. 水素の吸着から破壊まで ………………………………………… 22
4. 水素添加方法 ……………………………………………………… 23
5. 水素分析方法と水素存在状態解析 ……………………………… 24
6. 水素脆化感受性評価 ……………………………………………… 25
7. 水素脆化に及ぼす因子 …………………………………………… 28
8. 水素脆化機構 ……………………………………………………… 29
9. おわりに …………………………………………………………… 30

第2節 高圧水素ガス環境中の簡便な材料評価技術

緒形 俊夫

1. はじめに …………………………………………………………… 33
2. 中空試験片による簡便な高圧水素中SSRT試験 ……………… 34
3. 中空試験片による簡便な高圧水素中疲労試験 ………………… 44
4. 簡便な高圧水素環境中材料特性評価法の発展 ………………… 46
5. まとめ ……………………………………………………………… 47

第3節　内圧式高圧水素ガスを用いた各種金属材料の水素脆化特性評価

上野　明

1. はじめに …………………………………………………………………………… 49
2. 試験片 ……………………………………………………………………………… 49
3. 供試材および実験条件 …………………………………………………………… 51
4. 実験結果 …………………………………………………………………………… 52
5. まとめ ……………………………………………………………………………… 58

第4節　マルチスケール数値解析技術に基づく水素蓄圧容器の構造設計・評価

倉敷　哲生

1. はじめに …………………………………………………………………………… 59
2. 繊維強化複合材料のマルチスケール数値解析技術 …………………………… 59
3. ミクロ非周期構造の樹脂流動・力学的特性評価 ……………………………… 60
4. メゾ構造の数値モデリング ……………………………………………………… 62
5. マクロ構造の応力・損傷・寿命信頼性評価 …………………………………… 65
6. おわりに …………………………………………………………………………… 70

第3章　水素ステーションの安全対策

第1節　水素製造装置の安全性

今　肇／直井　登貴夫／鳥巣　秀幸

1. はじめに …………………………………………………………………………… 75
2. 水素ステーション用水素製造装置 ……………………………………………… 75
3. オンサイト型水素ステーション用水素製造装置のコスト低減と安全性 …… 75
4. おわりに …………………………………………………………………………… 80

第2節　鋼製水素蓄圧器の開発と安全性評価

荒島　裕信

1. はじめに …………………………………………………………………………… 81
2. 鋼製水素蓄圧器の特徴 …………………………………………………………… 81
3. 鋼製水素蓄圧器の材料 …………………………………………………………… 82
4. 材料に対する水素の影響評価 …………………………………………………… 83
5. 鋼製水素蓄圧器の設計 …………………………………………………………… 85
6. 鋼製水素蓄圧器の製造 …………………………………………………………… 87
7. 供用中検査における鋼製水素蓄圧器の安全性確保 …………………………… 88
8. おわりに …………………………………………………………………………… 89

第3節　コスト低減に寄与する水素ステーション用蓄圧器の開発　　　　高野　俊夫

 1. 緒　言 …………………………………………………………… 91
 2. コスト低減に向けて政府の取組 ………………………………… 91
 3. 水素ステーション蓄圧器に関わる基礎知識 …………………… 91
 4. Type 3 蓄圧器 …………………………………………………… 93
 5. Type 2 蓄圧器 …………………………………………………… 94
 6. まとめ …………………………………………………………… 98

第4節　水素ディスペンサーの安全性　　　　櫻井　茂

 1. はじめに ………………………………………………………… 99
 2. 水素の性質 ……………………………………………………… 99
 3. 水素ステーションの安全対策の基本的な考え方 ……………… 100
 4. まとめ …………………………………………………………… 108

第5節　水素ステーション用高圧水素充填ホース　　　　下村　一普

 1. はじめに ………………………………………………………… 111
 2. 要求性能とホースの基本仕様 ………………………………… 112
 3. ホースの設計検討 ……………………………………………… 113
 4. ホース性能確認結果 …………………………………………… 118
 5. 課題と今後の展開 ……………………………………………… 119
 6. おわりに ………………………………………………………… 120

第6節　ゴムシールの耐久性　　　　古賀　敦

 1. ゴム O リングのシール（密封）原理 …………………………… 121
 2. 高圧水素ガス用シール部材 …………………………………… 122
 3. 高圧ガスシール用ゴム材料の課題 …………………………… 122
 4. ゴム材料の高圧ガス透過特性 ………………………………… 123
 5. 高圧ガスによるゴム材料の破壊現象 ………………………… 127
 6. まとめ …………………………………………………………… 131

第7節　水素ステーションのリスク分析と安全対策　　　　坂本　惇司／三宅　淳巳

 1. はじめに ………………………………………………………… 133
 2. HAZID study によるシナリオ分析 …………………………… 134
 3. リスクマトリクスによる評価 ………………………………… 138
 4. 水素ステーションの安全対策 ………………………………… 139
 5. まとめ …………………………………………………………… 141

第8節　光学的手法による水素検知技術の開発　　　　　　　朝日　一平／杉本　幸代
　　1. はじめに ………………………………………………………………… 143
　　2. 水素ガス計測技術の開発 ……………………………………………… 143
　　3. 水素火炎可視化技術の開発 …………………………………………… 154
　　4. おわりに ………………………………………………………………… 158

第9節　高圧水素ガスの大規模漏洩拡散に関する野外実験　　　　　　茂木　俊夫
　　1. はじめに ………………………………………………………………… 161
　　2. 野外実験 ………………………………………………………………… 161
　　3. 実験結果 ………………………………………………………………… 162
　　4. まとめ …………………………………………………………………… 163

第4章　液化水素運搬船の開発と国際安全基準の策定

加賀谷　博昭／孝岡　祐吉
　　1. はじめに ………………………………………………………………… 167
　　2. CO_2フリー水素チェーン導入構想 …………………………………… 167
　　3. 過去の液化水素海上輸送構想 ………………………………………… 169
　　4. 液化水素運搬船の国際安全基準策定 ………………………………… 170
　　5. 液化水素運搬船の開発 ………………………………………………… 172
　　6. おわりに ………………………………………………………………… 177

第5章　水素に関連する事故について

堀口　貞茲
　　1. はじめに ………………………………………………………………… 181
　　2. 高圧ガスの事故と水素関連の事故の統計 …………………………… 181
　　3. 水素事故事例 …………………………………………………………… 184
　　4. おわりに ………………………………………………………………… 194

第6章 九州大学における水素施設の安全対策
－ヒヤリハット実例を中心に－

井上 雅弘

1. はじめに ………………………………………………………………… 199
2. 水素の性質 ……………………………………………………………… 199
3. 施設の安全対策 ………………………………………………………… 203
4. リスクの低減策 ………………………………………………………… 207
5. センサーについて ……………………………………………………… 210
6. 結　び …………………………………………………………………… 212

※本書に記載されている会社名，製品名，サービス名は各社の登録商標または商標です。なお，本書に記載されている製品名，サービス名等には，必ずしも商標表示（Ⓡ，TM）を付記していません。

第1章

高圧水素ガス雰囲気中の金属材料の水素脆化評価方法の国際的動向

(元)独立行政法人産業技術総合研究所　横川　清志

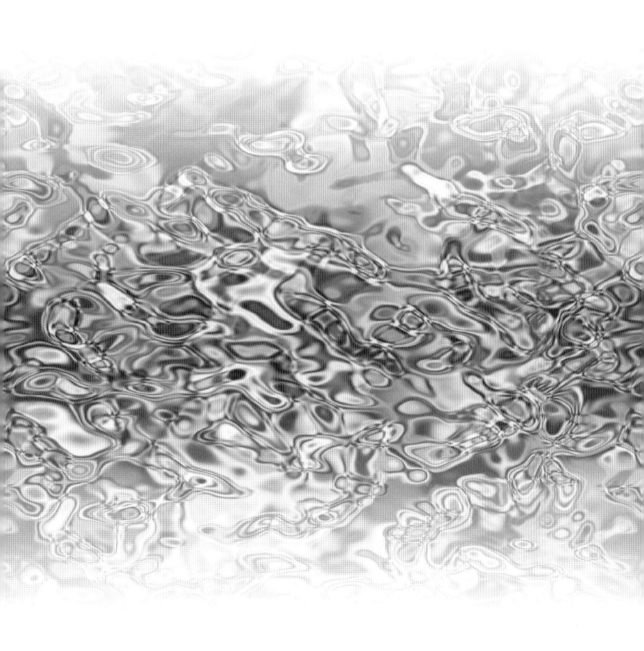

1. はじめに[1]

　2015年に発売開始された燃料電池自動車（FCV）は圧縮水素の70 MPa充填を行っているが，この他欧州では液化水素の充填も行っている。自動車の特徴として世界を自由に走るため，国連で70 MPa車載容器について国際的な統一規制をかけることになり，HFCV GTR Phase 1 (GTR13) が2015年6月に正式に発効し，容器本体と附属品（逆止弁，主止弁，安全弁）の具体的な試験条件が，また同時にHFCVのUNR134により判定基準が決定された。次には2017年10月17日よりPhase 2が開始され，容器および附属品に使用できる材料の性能要件化の検討を進めることになるだろう。なお，それまではFCVの車載容器本体と附属品の材料については，各国で規制をかけることになっている。これを受けて，日本国内では車載容器の容器本体と附属品が高圧ガス保安法により規制され，その他の部品（受け入れ弁，減圧弁，圧力計，配管等）は道路運送車両法により規制される。また，水素ステーションでは高圧ガス設備が高圧ガス保安法により規制される。なお，FCVに水素を供給する施設を一般的に水素ステーションと呼んでいたが，日本では高圧ガス保安法による法整備が進み，圧縮水素スタンドと呼ぶようになった。しかし，海外の施設は依然として水素ステーションと呼んでいる。本稿では，国を区別せずに水素ステーションと呼ぶことにする。

　このように高圧水素貯蔵では安全のために高圧ガス設備の規制が行われている。本稿では，これらの水素利用高圧ガス設備の最大の技術的課題である水素脆化の解決のために，材料評価方法と設備評価方法を検討すると共に，国内・海外の研究動向を紹介する。

2. 水素脆化評価

　水素利用技術ではアンモニア合成の高圧法が過去に最高の圧力・温度条件（100 MPa・923 K）であったが，その後の技術開発により現在では条件（30 MPa・773 K）で操業されている[注1]。また石油精製では（20 MPa・773 K）で脱硫反応が操業されている。この他，Space shuttleの主エンジン開発ではエンジン本体は（40 MPa・20～959 K）の広い圧力・温度範囲で運転され，そのエンジン開発では（15000 psi (103 MPa)・111～950 K）の圧力・温度範囲で材料試験が行われた。FCV開発では，車載容器は国際標準により（87.5 MPa・−40～85℃ (233～358 K)）であるが，米国機械学会（ASME）の水素ステーションでは（103 MPa・−253～250℃ (20～523 K)）であり，圧縮機まで考慮すると103 MPaを超えるかもしれない。このような水素利用技術の圧力・温度範囲にFCVの国際的な圧力・温度範囲を重ねて**図1**に示す。FCVの範囲はSpace shuttleの範囲を基盤としつつも，それを超えて広いことが分かる。図1では日本におけるFCVの範囲を示しにくいので，**図2**にFCVの高圧水素貯蔵の国際比較として圧力・温度の詳細な範囲を示す。車載容器は日本も国際標準により差異はないが，水素ステーションでは各国の規制になっていて，日本では高圧ガス保安法により（82 MPa・−45～250℃ (228～523 K)）としている。なお，近日中に液化水素利用を考慮して

注釈1：本稿では圧力・温度条件を（x MPa・y K）として表示する。圧力は最高圧力であり，温度範囲は室温～最高温度では最高温度を，最低温度～室温では最低温度を示すが，室温をまたぐ場合は最低温度～最高温度を示す。

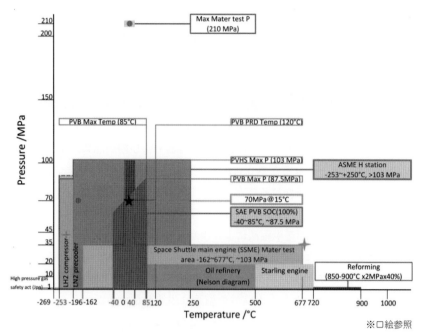

図1 水素利用技術における圧力・温度図

(ASME：米国機械学会，H station：水素ステーション，LH$_2$ compressor：液化水素直接圧縮機，LN$_2$ precooler：液化窒素利用プレクーラー，PRD：安全弁，PVB：車載容器，PVHS：水素ステーション蓄圧器，SAE：自動車技術者協会，＋：Space shuttle の運転条件)

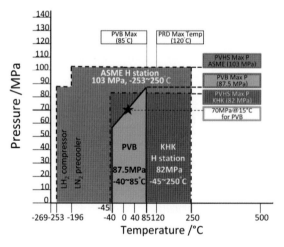

図2 燃料電池自動車の高圧水素貯蔵における圧力・温度図

(KHK：高圧ガス保安協会)

最低温度は－253℃に変更して(82 MPa・－253～250℃(20～523 K))とする予定である[注2]。

この水素雰囲気条件下で用いられる高圧水素貯蔵の設備の金属材料の材料評価としては，水

注釈2：本稿の温度表示はKであるが，法令に定められている場合はその指定単位で表示し括弧をつけてK表示とした。

素脆化（内部可逆水素脆化，水素ガス脆化，水素反応脆化）評価が最も重要である。なお，水素ガス雰囲気下で生じる水素脆化を，内部可逆水素脆化と区別して水素ガス脆化と呼ぶ。以前は水素環境脆化と呼ばれたが，化学の分野の環境問題と紛らわしいので，水素ガス脆化と呼ぶようになった[2]。

内部可逆水素脆化については，使用雰囲気から吸収した水素によって機械的性質に影響があり，古くからボルトの遅れ破壊として工業的課題である。水素ガス脆化についても同様に水素雰囲気下で機械的性質に影響があり，NASAのSpace shuttle開発において重要な技術的課題であった。この二つの水素脆化は脆化機構の本質は同じであるが，速度論が異なるため別の現象として取り扱われている。脆化機構として，南雲はこのほど従来の説を再検討して水素助長歪誘起空孔理論を中心説として主張している[3]。内部可逆水素脆化と水素ガス脆化との比較を表1に示す。この表はGrayを参照したが[4]，最近の研究による水素脆化の下限温度を，内部可逆水素脆化では77 K[5]，水素ガス脆化では150 K[6]に，また内部可逆水素脆化の律速段階を水素助長ひずみ誘起空孔理論に応じた原子空孔の生成過程に，さらに水素ガス脆化の律速段階を表面反応と原子空孔の生成過程に訂正した。また，水素反応脆化では鉄鋼材料の場合は，材料中の炭素と水素が化学反応をして脆化する水素侵食と呼ばれ，アンモニア合成の発明以来の工業的な課題である。

燃料電池自動車の高圧水素貯蔵技術の開発段階では既に部品の水素脆化に起因する破壊事例も報告されている[7]のだが，このような金属材料を高圧水素貯蔵の水素雰囲気下で使用する上での課題に関して，米国のSandia National Laboratories（Sandia NLと略す）から材料の評価をHydrogen compatibilityと称し，同時に設備の評価をHydrogen suitabilityと称することが提案された[8,9]。なお，Hydrogen compatibilityという用語は古くから用いられてきた[10]。

2.1 Hydrogen compatibility

高圧水素貯蔵に用いられる金属材料は，フェライト系鋼，オーステナイト系ステンレス鋼，ニッケル基合金，アルミニウム合金が候補に挙がっている。これらの材料の水素脆化評価は，水素脆化の判別のための簡易的な水素脆化評価試験および機械的性質評価のための本格的な水素脆化評価試験が実施されている。

表1 内部可逆水素脆化と水素ガス脆化の比較

特徴	内部可逆水素脆化	水素ガス脆化
水素源	材料溶解、電気化学、腐食	水素ガス
脆化条件	水素濃度：0.1～10 mass ppm H 温度範囲：77～400 K ひずみ速度・水素量依存性	水素圧：10^{-6}～10^{8} Pa H_2 温度範囲：150～1000 K ひずみ速度・水素ガス純度・水素ガス圧依存性
き裂	起点:内部 可逆性 潜伏期，低速・不連続進展，急速破断	起点:内部・表面 不可逆性 低速・不連続進展，急速破断
律速段階	原子空孔の生成過程	表面反応／原子空孔の生成過程

2.1.1 内部可逆水素脆化

内部可逆水素脆化においては，水素雰囲気の圧力・温度に依存して水素固溶量が決まる。車載容器では最大水素固溶条件は（87.5 MPa・85℃（358 K））であるが，オーステナイト系ステンレス鋼の水素雰囲気条件から固溶水素量を推定する手法はSan Marchi等によって提案されていて[11]，それによればSUS316系のステンレス鋼で56 mass ppm（本稿では水素濃度は重量分率（mass ppm）で表すが，massを省略する）と推定される。SUS310SではSUS304やSUS316の50%増しになり[12]，84 ppmであろう。水素ステーションでは，日本の最大条件の（82 MPa・250℃（523 K））ではSUS316系で94 ppm，SUS310Sで141 ppm程度と見積もられ，ASMEの最大条件の（103 MPa・250℃（523 K））ではAISI316系で109 ppm，AISI310系で164 ppm程度と見積もられる。

内部可逆水素脆化評価試験のためには，まず試験片に水素をチャージする。それには電解チャージ法，浸漬チャージ法，水素ガスチャージ法がある。水溶液を用いる方法では，最近は化学成分が環境問題で変わってきている。水素ガスチャージ法の設備としては，静置型のオートクレーブを利用する。FCVを想定した設備としてのオートクレーブ（230 MPa・393 K）を図3に示す。高温加熱媒体を循環させて加熱する。静置型オートクレーブとしての外観は国際的に見ても大差ないが，国によっては高圧ガスの規制により，ヒーターの構造が異なる。

内部可逆水素脆化評価試験は，水素チャージさせた試験片を用い，本格的試験では速度依存性があるので，低歪み速度引張試験（Slow Strain Rate Technique：SSRT）を始め各種材料試験を行う。評価試験は広い範囲の温度域および水素固溶量で行われており，上記の水素固溶量では，Caskeyは（69 MPa・620 K）で水素チャージを行い，水素固溶量はAISI316で110 ppm，AISI310で146 ppmと分析し，この水素によってAISI310を含むオーステナイト系ステンレス鋼では220～270 Kで内部可逆水素脆化が最大になることを報告している[5]。なお，フェライト系鋼，ニッケル基合金共に水素固溶量に依存して水素脆化を生じるが，アルミニウム合金は水素脆化を生じない。

図3　水素チャージ用静置型オートクレーブ（230 MPa・393 K）

2.1.2 水素ガス脆化

水素ガス脆化評価試験は，基本的に応力腐食割れの試験方法に準拠していて，特に遅れ破壊試験の簡易的試験としてCリング試験，Oリング試験，切り欠き付き棒の曲げ試験，切り欠き付き短冊試験等が挙げられ[13]，機械的試験機が必要ない場合はオートクレーブで行う。図4は遅れ破壊試験用オートクレーブ（100 MPa・123 K）で，液化窒素を利用して容器本体を冷却することにより低温域をカバーする装置である[14]。また，液化水素による劣化を調べると共に，液化水素浸漬と室温水素ガス曝露を繰り返すヒートサイクル試験のための液化水素浸漬装置（大気圧・20K）を図5に示す[14]。

本格的試験ではSSRTを始め各種材料試験を水素ガス脆化評価試験装置によって，高圧水素中に試験片を保持して行う。評価試験項目は基本的に内部可逆水素脆化評価試験と同様である。水素ガス脆化は材料によっては高温でも生じ[15,16]，水素侵食と区別しなければならないが，この他水素誘起析出脆化[17]も生じるので，詳細な検討が必要である。

水素ガス脆化評価試験は広い範囲の圧力・温度下で行われている。室温付近では最高水素圧210 MPaでSSRTが行われ，SUS310Sの水素ガス脆化は210 MPaでも認められず，SUS316LやSUH660の水素ガス脆化は小さい[18]。低温では33 K[19]や液化窒素温度[20]や液化水素温度まで行われ[21]，SUS316Lを含む準安定オーステナイト系ステンレス鋼では200 K付近で水素ガス脆化が最大になる特徴がある[20]。安定オーステナイト系ステンレス鋼やアルミニウム合金は水素ガス脆化しないが，フェライト系鋼やニッケル基合金では水素ガス脆化を生じる。

図4　遅れ破壊試験用オートクレーブ　　　　図5　液化水素浸漬装置（大気圧・20 K）[14]
　　　（100 MPa・123 K）[14]

2.1.3 水素反応脆化

　鉄鋼材料の水素反応脆化である水素侵食の評価試験では，試験法そのものは水素ガス脆化評価試験と同じであり，同じ試験装置を用いて，高圧水素中に試験片を保持して行う。簡易的試験としてオートクレーブを用いて広い範囲の圧力・温度下で曝露した試験片の衝撃試験による評価がむしろ中心的に実施されてきた。また，粒界炭化物上に発生するメタン気泡の透過電子顕微鏡による判定も行われている。技術指針として米国石油協会よりネルソン線図[22]という安全のための水素侵食の圧力・温度条件が刊行されていて，鉄鋼材料では200℃（473 K）以上で注意が必要である。

2.2　Hydrogen suitability

　Hydrogen compatibilityが水素脆化による材料評価であるとすれば，Hydrogen suitabilityはむしろ水素脆化による設備評価であろう。高圧ガス設備は加圧・減圧で容器胴体に疲労荷重を負荷し，き裂を生成・成長させ，特に水素によってき裂成長が加速されるので，これらの特徴から円筒模型による疲労き裂進展解析が用いられている[23)-25)]。そして評価試験はモデル設備の破裂試験，或いは最終的に実機試験となり，そのための水素ガスサイクル試験機が開発されている。疲労き裂進展解析の事例を図6に示す。図6はAISI4340で製作した円筒容器モデルの最高圧100 MPaの水素および大気による充填／放出に伴う疲労き裂進展の計算例である。詳細は省略するが，左軸は円筒容器モデルの肉厚に対するき裂進展した肉厚の比で，0.8まで進展するところまで計算している。右軸はき裂進展に伴う応力拡大係数 K_I

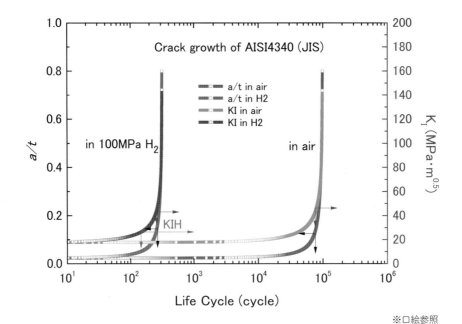

※口絵参照

図6　AISI4340で製作した円筒容器モデルの最高圧100 MPaの水素および大気による充填／放出に伴う疲労き裂進展の計算例

である。右側の二本の線のグループは大気中の進展を表していて,左側の二本の線は水素中の進展を表している。初期き裂は KHKS 0220（2016）に準拠している。大気中では肉圧比 0.8 まで進展するのに 1×10^5 回の充填／放出を要するが,水素中では肉圧比 0.8 まで進展するのに 3×10^2 回で到達する。しかも K_{IH} にはその半分の回数で到達することが分かる。蓄圧器を模した円筒モデルでは水素により大きく疲労寿命が短くなることを示している。なお,本稿では Hydrogen compatibility に重点を置いているので,Hydrogen suitability の評価方法や試験方法の詳細は省略する。

3. 水素ガス脆化評価試験装置
3.1 内部に微小空隙を設けた試験片による水素ガス脆化試験機

試験片内部に微小空隙を設けて高圧水素を注入して高圧を保持したままで材料試験を行う方法である[26)27)]。古くは腐食の分野から利用された方法であろう[28)]。この方法では試験片の全体を高圧水素雰囲気に保持する方法に較べて圧力容器が必要なく,設備も汎用型材料試験機を用いることができる簡易的試験方法である。鉄鋼やニッケル基合金のような水素化物を生成せず微量の水素によって脆化する金属材料の水素ガス脆化を判別するのに適する。試験片の温度調節も容易で,低温から高温までの広い温度範囲で試験が可能である。この試験装置を図 7 に示す[27)]。矢印が内部に微小空隙を加工された試験片で下から高圧水素ガスを充填する。SSRT,油圧式の疲労試験,更には超音波疲労試験も行われている。なお,詳しくは本書［第 2 章第 2 節］の緒形氏執筆の章を参照されたい。

3.2 汎用型水素ガス脆化試験機

汎用型水素ガス脆化評価試験方法としては,基本的に規格化された材料試験方法を水素に拡張した方法である。ISO 11114-4 や ASTM G142 のように水素向けに規格化された試験方法もあるが,ASME KD-10[23)] や高圧ガス保安協会の水素の高圧水素貯蔵向けに規定するセットされた試験方法[29)30)] もある。

図 7　内部に微小空隙を設けた試験片による水素ガス脆化試験機[27)]（矢印は試験片）

試験装置としては圧力容器を材料試験機に装着した装置で，高圧水素雰囲気下に試験片全体を曝露したままで材料試験を行う装置である。引張試験は通常平滑丸棒試験片と切り欠き付き丸棒試験片[26]を用いる。水素脆化は切り欠き感受性を上げるので，切り欠き付き丸棒試験片が特に用いられた。SSRTの他に，CT試験片やDCB試験片を用いてき裂進展を測定する遅れ破壊試験も行われ，特にSandia NLでは古くから207 MPaの水素中で試験が行われている[31]。また疲労き裂進展試験も行われている。なお，Space shuttle開発の時にNASAから委託を受けたRocketdyneでは103 MPaの水素中の各種材料試験を実施している[32]。

　この他，簡易的試験方法として破裂試験が行われていて，元来はガスボンベなどに装備されている破裂板による安全弁を模している。試験は所定の圧力の水素ガスを薄板試験片の片側に負荷して，反対側に負荷した不活性ガスの圧力を調整して破裂させ，その破裂の時の圧力差で評価する。破裂試験は欧州で古くから精力的に研究が行われた[33]。

3.2.1　汎用型水素ガス脆化試験機の構造

　水素脆化評価では，水素ガスによる試験と，水素脆化しない不活性ガスによる試験をセットとして行う。不活性ガスはアルゴンガスを用いる場合も多いが，低温では液化や固化を考慮すると条件によってはヘリウムガスでなければならない。水素ステーションの水素圧としては，ASMEでは103 MPaを考慮しているのだが，蓄圧器としては110 MPaの設備も現に製作され，そのため，水素ガス脆化試験機の最高水素圧としては，国際的には140 MPaが多いが，概ね100 MPaになっている。試験温度は，同様に主たる高圧水素貯蔵の温度範囲223～373 Kを実施する試験機が多い。

　汎用型水素ガス脆化試験機の問題点としては，試験片に荷重を負荷する方法が問題になる。古くは小さい試験片に荷重を負荷する装置を圧力容器内に収納する装置も開発されたが，定荷重負荷である上に試験片も小さい。そこで荷重制御のできる試験機に圧力容器を装着して試験する装置が主流になった。しかし，引張試験だけを行うのであれば，圧力容器寸法はそんなに大きくならないし，試験機の荷重容量も小さくて済むが，破壊力学的試験や疲労き裂進展試験を行うと圧力容器寸法や荷重容量は大きくなる。

　研究の初期の引張試験では小型の試験機も用いられた。それは，試験片で圧力容器を貫通させる構造になっていて，直径の小さい圧力容器で十分である。この試験機はドイツのHofmannが1961年に発表している[34]。一方，米国のCavettとVan Nessが1963年に発表している[35]のだが，彼らの試験機はHonningfordが1958年に修士論文として発表している[36]。Van NessはHonningfordと同じ大学なので，多分指導教官であると思われる。ドイツと米国とどちらが先に開発したかは関心が高いが，試験機の構造が原理的で簡単であるところから，同時に独自に開発されたのではないか。Rocketdyneもこの試験機を用いており[26]，最近でも類似の試験機は利用されている。この圧力容器の構造は簡単であるが，容器壁を貫通する荷重棒の摩擦力や，試験片に負荷される荷重の高精度の測定や，容器内圧の変動等の問題に対処できなかった。その後，これらの問題を解決する万能型の試験機が開発された[26)37]。また，特異な構造の専用試験機も開発された[26]。NASAの調査[38]によれば，これらの参加機関の他にも35 MPa以上の水素ガス脆化試験機35台を当時設置し，大規模な材料研究を実施した。

3.2.2 圧力平衡器

試験片を圧力容器内部に設置し，荷重を圧力容器の外から負荷すると，圧力容器壁を貫通する荷重棒が必要になる．圧力容器内圧により，荷重棒には圧力容器外へ押し出す力が作用する．この力は無視できないくらい大きいので，二つの方法が行われている．一つは圧力平衡器を荷重棒に設置する方法で，もう一つは荷重棒に常に外力を負荷し，内圧による力を相殺する方法である．圧力平衡器とは荷重棒に反対側から圧力容器内圧に応じた力を機械的に負荷する方法で，荷重棒そのものに更に直径の大きなピストンを装備する方法[39]と，荷重棒そのもので圧力容器を貫通させる方法[40]とがある．

荷重棒に圧力平衡器を装着した水素ガス脆化試験機（230 MPa・室温）を図8に示す[18]．試験片荷重の測定には，外部荷重計と内部荷重計とがある．摩擦力が一定であれば，外部荷重計で十分だが，変化する場合は，内部荷重計が必要になる．荷重棒そのもので圧力容器を貫通させる圧力平衡器を装着した100 MPa級水素ガス脆化試験機を図9に示す[40]．

圧力平衡器は何れの方式でも，同じ圧力にして，発生する力を相殺する方式であるのだが，逆に両者の圧力差を制御すれば，試験片に負荷する力を制御できる．こういう考え方で開発された試験機が，フリーピストン型水素ガス脆化試験機（100 MPa・室温）であり[41]，図10に示す．試験片の設置されている区画とピストンを挟んだ反対側の区画の圧力差によって，試験片に荷重を負荷できる．また，この方法では試験片に負荷される荷重を外部荷重計で直接測定できる．

荷重棒に常に外力を負荷し，内圧による力を相殺する方法では油圧式の試験機に連結して荷重を制御して相殺する場合が多い．また，この方式の中には，Oリングによる摩擦抵抗を避けるためにベローズ型水素ガス脆化試験機（70 MPa・353 K）があり，図11に示す[42]．

図8 荷重棒に圧力平衡器を装着した水素ガス脆化試験機（230 MPa・室温）

図9 荷重棒貫通型圧力平衡器を装着した100 MPa級水素ガス脆化試験機[40]

図10 フリーピストン型水素ガス脆化試験機
　　　（100 MPa・室温）

図11 ベローズ型水素ガス脆化試験機
　　　（70 MPa・353 K）[42]

3.2.3 補助計測器

　荷重計は圧力容器の外部に設置する外部荷重計と内部に設置する内部荷重計とがある。ガスが水素でなければ内部荷重計で十分なのだが，水素が歪みゲージの機能に影響を与えるために問題になっていた。それに対して水素に強い歪みゲージが開発されて精度向上を図っている[43]。歪みゲージを用いる伸び計，クリップゲージ等同様である。しかし，歪みゲージの水素に対する問題は依然解決困難であるので，差動トランス型の伸び計を用いて，荷重や開口変位を測ることができる。しかし，水素中では開口変位とき裂長さの関係が大気中や不活性ガス中の関係とは異なる[44]ので，き裂長さを直接測ることが重要である。そのため，電位差計でき裂長さを測定することができる[44]。K_{IH}には水素脆化に対応した測定法が提案されている[45]。なお，NASAでは疲労き裂進展試験にはDCB試験片を用いた[32]。工業技術院中国工業技術試験所でもH-Ⅱ開発の時にDCB試験片を用いた[46]。

3.2.4 温度調節

　室温より高温あるいは低温に試験片を保持するための温度調節には，圧力容器の内部調節型と外部調節型とがある。更には低温では試験片の液化水素浸漬型もある。NASAのRocketdyneやPratt&Whitney Aircraftの試験機では外部調節型であるのだが，The Welding Institute（TWI）のように100 MPa級試験機になると内部調節型も開発されてきた。しかし，金属材料の機械的性質には温度依存性があるので，試験片の温度分布が均一である必要がある。

3.3 水素ガスサイクル試験機

　高圧ガス設備は加圧・減圧の繰り返しで用いられることが多い。燃料電池自動車の高圧水素貯蔵では車載容器や蓄圧器のみならず付属するバルブや充填ホースもまたこのような情況で用

いられるため，寿命について厳格な規定がある。それらの高圧ガス設備のガスサイクル試験を行う装置として，実験室的規模から実機までを対象とした設備が開発されている。

4. 水素ガス脆化試験機の国際的動向
4.1 日 本

　FCVプロジェクト以前では，㈱日本製鋼所は独自に日本で最初に水素ガス脆化の研究を実施し[47]，中国工業技術試験所はサンシャイン計画で[39]，科学技術庁航空宇宙技術研究所はH-Ⅱ開発で[48]，三菱重工業㈱はH-Ⅰ開発で液化水素試験機を[49]，また独自に高温高圧水素雰囲気材料試験装置を設置していた。また，新日本製鐵㈱（2019年日本製鉄㈱を予定）では図12に示す液化水素浸漬材料試験機が水素利用国際クリーンエネルギーシステム技術研究開発（World Energy Network：WE-NET）プロジェクトで設置された[50]。

　FCVプロジェクトが始まり，住友金属テクノロジー㈱（現：日鉄住金テクノロジー㈱）は独自に70 MPa水素ガス脆化試験機を設置したのが，日本での最初の70 MPa試験機の登場である。その後，国立研究開発法人産業技術総合研究所では水素ガス脆化試験機（230 MPa・室温）（図8）を開発し，それを用いた試験水素圧210 MPaの引張試験は，現在までの世界の最高試験圧力になっている。また，図13に示す水素ガス脆化試験機（70 MPa・77 K）を開発した[51]。㈱日本製鋼所，新日本製鐵㈱，九州大学には国立研究開発法人新エネルギー・産業技術総合開発機構（NEDO）より100～140 MPaの水素ガス脆化試験機（図9）が設置されている。また，JFEスチール㈱は独自に水素ガス脆化試験機（130 MPa・393 K）を設置している。最近の開発された水素ガス脆化試験機（140 MPa・193～573 K）を図14に示す[52]。これらの試験機は一軸方向の荷重負荷であるが，九州大学に設置されている曲げによる共振疲労試験機（140 MPa・223～573 K）を図15に示す[53]。また，国立研究開発法人物質・材料研究機構には内部に微小空隙を設けた試験片による水素ガス脆化試験機（図7）が設置されている[27]。この他，岩谷産業㈱では，図16に示す独自の冷却方法による水素ガス脆化試験機（100 MPa・123 K）が設置されている[14]。また同社では，この他低温域での遅れ破壊試験用オートクレー

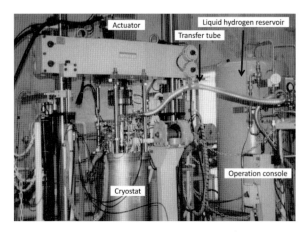

図12　液化水素浸漬材料試験機[50]

図13　水素ガス脆化試験機
（70 MPa・77 K）

ブ（100 MPa・123 K）（図 4）および液化水素浸漬と室温水素ガス曝露を繰り返すヒートサイクル試験のための液化水素浸漬装置（大気圧・20 K）（図 5）が設置されている[14]。

水素ガスサイクル試験機としては，車載容器について規制に基づく実機試験を行う設備は㈶日本自動車研究所や㈶水素エネルギー製品研究試験センターに設置されているが，容量の小さいバルブや充填ホースのような高圧且つ低温で使用される設備の評価が可能な試験機は岩谷産業㈱[14]にも設置されている。図 17 に岩谷産業㈱に設置された試験機（135 MPa・213～358 K）を示す。被試験設備が試験中破裂や水素ガスが漏洩しても安全に対応できるチャンバーが付属している。

図 14 水素ガス脆化試験機
（140 MPa・193 ～ 573 K）[52]

図 15 共振疲労試験機
（140 MPa・223 ～ 573 K）[53]

図 16 水素ガス脆化試験機
（100 MPa・123 K）[14]

図 17 水素ガスサイクル試験機
（135 MPa・213 ～ 358 K）[14]

4.2 北 米
4.2.1 米 国

NASA関係では35 MPa以上の水素ガス脆化試験機35台をSpace shuttle開発当時設置した[38]が，何れも会社内に設置されており，現在どれくらいの設備が稼働しているかは不明である。また，宇宙開発は縦割りの機関なので，エネルギー研究に利用できる状況ではないだろう。

Sandia NLとSavannah River NLには昔から設備があり，特にSandia NLでは172 MPaの水素ガス脆化試験を実施すると共に207 MPaの曝露型遅れ破壊試験を実施したのだが，その当時の172 MPa水素ガス脆化試験機は現在はない。現在は新規に水素ガス脆化試験機（140 MPa・低温）を導入している。この他National Institute of Standards and Technology (NIST) にSandia NLの他の機種[54]に類似の水素ガス脆化試験機（140 MPa・室温）[55]が設置されている（図18(a)）。また，複数の試験片に一度に荷重を負荷するK_{IH}試験のための水素ガス脆化試験機（34 MPa・室温）（図18(b)）も設置されている[55]。Oak Ridge NLに水素ガス脆化試験機が設置されている。また，材料試験会社であるHy-Performance Materials Testing LLCに水素ガス脆化試験機が設置されていることがHPに出ている。

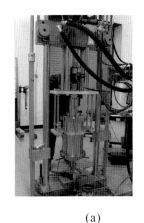

(a)　　　　　　(b)　　　　　　(c)　　　　　　(d)

(e)　　　　(f)

((a)：(140 MPa・室温)，NIST[55]，(b)：(34 MPa・室温)，NIST[55]，(c)：液化水素，MPA[57]，(d)：(30 MPa・室温)，MPA[57]，(e)：(100 MPa・203〜473 K)，MPA[57]，(f)：(140 MPa・393 K)，浙江大学化工機械研究所[58]）

※口絵参照

図18　世界の液化水素試験機および水素ガス脆化試験機

4.2.2　カナダ

Powertech Labs に 70 MPa 水素ガス脆化試験機が設置されている。

4.3　欧　州

英国では TWI に 2 台の水素ガス脆化試験機（(45 MPa・358 K) および (100 MPa・223〜358 K)）が設置されている[56]。

ドイツでは Materialprufungsanstalt, University of Stuttgart（MPA）に液化水素試験機 1 台（図 18(c)），30 MPa と 100 MPa 水素ガス脆化試験機が 2 台設備されている[57]。水素ガス脆化試験機（30 MPa・室温）（図 18(d)）は大きな覗き窓の付いた構造に特徴がある[57]。もう 1 台の水素ガス脆化試験機（100MPa・203〜473K）（図 18(e)[57]）は最近設置され，2 本の大きなピンが配置されているので，TWI の 100 MPa 水素ガス脆化試験機[56]に似ている。図は圧力容器内部が透視図になっている。

フランスでは 35 MPa および 40 MPa 水素ガス脆化試験機が設置されている。

ウクライナの Karpenko Physico-mechanical Institute ではソ連時代の水素ガス脆化試験機が設置されていることが以前 HP に出ていたが状況不明である。

4.4　アジア

韓国では韓国標準科学研究所に水素ガス脆化試験機（120 MPa・393 K）が設置されている。また，NIST にあるような複数の試験片に一度に荷重を負荷する K_{IH} 試験のための水素ガス脆化試験機（130 MPa・室温）が設置されている。また，冷凍機式液化ヘリウム温度材料試験機も設置されている。

中国では浙江大学化工機械研究所に水素ガス脆化試験機（140 MPa・393 K）（図 18(f)）が設置されている[58]。また小型ガスサイクル試験機（90 MPa・233〜373 K）も設置されている。

5.　おわりに

FCV の高圧水素貯蔵にかかる設備の安全のためには，材料評価と設備評価が車の両輪のごとく必要である。どちらも水素脆化が最大の課題になっていて，まず材料評価のために，水素脆化全般から，特に水素ガス脆化に重点を置いて説明すると共に，水素ガス脆化評価試験装置について原理や問題点および国際的動向を説明した。高圧の水素ガス脆化評価は民生用高温高圧水素利用に伴う装置開発により始まり，次いで液化水素ロケット開発により進められ，更には燃料電池自動車開発により一層高圧水素の評価が進められた。現在のところ国際的に水素ガス脆化評価試験装置開発は一段落していて，今後は更に高圧水素の利用が求められれば開発が進められることだろう。

水素ガス脆化試験機は圧力や試験片によっては大型になると扱いが難しくなり，また安全上問題がある。試験機としての精度向上努力は続けられているのだが，依然として問題がある。またいろいろな種類の試験片を用いる汎用型の試験機は圧力容器の寸法が大きくなると共に非能率で，早急に小型試験片による単能型の小型試験機による評価方法を開発して，工業規格型試験片との相関を確立すれば，小型試験機でも十分目的を果たすことが期待される。また，高

圧水素によって圧力容器内部の荷重や変位測定の精度に問題があり，依然として改善が続けられている。しかし，高圧水素を用いる試験は試験機を設置する施設も規制が厳重になるので，高圧水素を用いない方法の開発が最も期待される。

謝 辞
本稿で使用する装置写真を提供された機関各位に謝意を表する。

文 献
1) 横川清志：熱処理, **55**, 357 (2015).
2) R. Zawierucha：ASTM G01 Workshop on Hydrogen gas embrittlement, Dallas, TX, Nov.8 (2005).
3) M. Nagumo：Fundamentals of hydrogen embrittlement, Springer Science+Business Media Singapore (2016).
4) H. R. Gray：Hydrogen embrittlement testing, ASTM STP543, Ed. by L. Raymond, ASTM, Philadelphia, PA, 133 (1974).
5) G. R. Caskey, Jr.：Environmental degradation of engineering materials in hydrogen, Virginia Polytechnic Inst., Sept. 21-23, 283 (1981).
6) D. Sun, G. Han, S. Vaodee, S. Fukuyama and K. Yokogawa：*Mater Sci Technol*, **17**, 302 (2001).
7) 宮本泰介, 金崎俊彦, 田崎治彦, 小林信夫, 松岡三郎, 村上敬宜：材料, **59**, 916 (2010).
8) C. San Marchi：Hydrogen compatibility of materials, DOE EERE Fuel Cell Technologies Office Webinar（Aug. 13, 2013).
9) C. San Marchi, B. P. Somerday and K. A. Nibur：*Int J Hydrogen Energy*, **39**, 20434 (2014).
10) A. W. Thompson：*Metall Trans*, **5**, 1855 (1974).
11) C. San Marchi, B. P. Somerday and S. L. Robinson：*Int J Hydrogen Energy*, **32**, 100 (2007).
12) 今出政明, 張林, 飯島高志, 福山誠司, 横川清志：日本金属学会誌, **73**, 245 (2009).
13) L. Raymond：Hydrogen embrittlement testing, ASTM STP543, 51-80, ASTM (1974).
14) 岩谷産業㈱：News Release (2018.8.27).
15) 福山誠司, 横川清志, 山田良雄, 飯田雅：鉄と鋼, **78**, 860 (1992).
16) 福山誠司, 孫東昇, 横川清志：日本金属学会誌, **65**, 783 (2001).
17) J. He, G. Han, S. Fukuyama, K. Yokogawa and A. Kimura：*Acta Mater*, **45**, 3377 (1997).
18) S. Fukuyama, M. Imade, T. Iijima and K. Yokogawa：Proc. ASME PVP2008-61849 (2008).
19) 辻上博司, 遠藤曉子, 緒形俊夫, 中村潤, 高林宏之：圧力技術, **55**, 312 (2017).
20) 福山誠司, 孫東昇, 張林, 文矛, 横川清志：日本金属学会誌, **67**, 456 (2003).
21) H. Fujii and A. Yamaguchi：12th World Hydrogen Energy Conf. (WHEC12), 1893 (1998).
22) American Petroleum Institute, API Recommended Practice 941, 7th Ed., API (2008).
23) ASME, Sec. VIII, Div. 3, Article KD-10, Special requirements for high pressure gaseous hydrogen transport and storage service (2007).
24) C. Zhou, Z. Li, Y. Zhao, Z. Hua, L. Zhang, M. Wen and P. Xu：*Int J Hydrogen Eenergy*, **39**, 13642 (2014).
25) C. Zhou, Z. Li, Y. Zhao, Z. Hua, K. Ou, L. Zhang, M. Wen and P. Xu：*J Process Mech Eng*, **230**, 26 (2016).
26) W. T. Chandler and R. J. Walter：Hydrogen embrittlement testing, ASTM STP543, Ed. by L. Raymond, ASTM, Philadelphia, PA, 170 (1974).
27) 緒形俊夫：圧力技術, **46**, 200 (2008).
28) 遠藤忠良, 西田隆, 服部孝博：公開実用新案, 昭58-123352 (1983).
29) 菊川重紀, 竹花立美, 小林英男：高圧ガス, **51**, 82 (2014).
30) 和田洋流：*Petrotech*, **32**, 459 (2009).
31) R. E. Stoltz, N. R. Moody and M. W. Perra：*Metall Trans A*, **14A**, 1528 (1983).

32) R. J. Walter and W. T. Chandler：NASA CR-120702 (1975).
33) J. P. Fidelle, R. Bernardi, R. Broudeur, C. Roux and M. Rapin：Hydrogen embrittlement testing, ASTM STP543, Ed. by L. Raymond, ASTM, Philadelphia, PA, 221 (1974).
34) W. Hofmann and W. Rauls：*Arch Eisenhuttenw*, **32**, 169 (1961).
35) R. H. Cavett and H. C. Van Ness：*Weld J.*, **42**, 316-s (1963).
36) J. B. Honningford：Master's thesis, Rensselaer Polytechnic Institute, Troy, NY (1958).
37) J. A. Harris, Jr. and M. C. Van Wanderham：Hydrogen embrittlement testing, ASTM STP543, Ed. by L. Raymond, ASTM, Philadelphia, PA, 198 (1974).
38) M. R. Shanabarger：NASA Conf. Pub. 3182, 2nd Workshop on hydrogen effects on materials in propulsion systems, Marshall Space Flight Center, Alabama, May 20-21, 12 (1992).
39) K. Yokogawa, S. Fukuyama, M. Mitsui and K. Kudo：*Rev Sci Instrum*, **49**, 50 (1978).
40) 真鍋康夫, 宮下泰秀：R&D神戸製鋼技報, **58**(2), 19 (2008).
41) M. Imade, S. Fukuyama and K. Yokogawa：*Rev Sci Instrum*, **79**, 073903 (2008).
42) 住友金属テクノロジー㈱：つうしん, No.70, 1 (2011).
43) 共和電業㈱：
http://www.kyowa-ei.com/jpn/product/category/strain_gages/ kfv/index.html
44) 福山誠司, 韓剛, 何建宏, 横川清志：材料, **46**, 607 (1997).
45) S. Konosu, H. Shimazu, R. Fukuda and T. Horibe：Proc. ASME PVP2013-97877 (2013).
46) 中国工業技術試験所, 宇宙開発事業団：共同研究成果報告書, MRP88-57 (1987).
47) 大西敬三, 千葉隆一, 手代木邦雄, 加賀寿：日本金属学会誌, **40**, 650 (1976).
48) 航空宇宙技術研究所：航空宇宙技術研究所報告, TR-1092 (1991).
49) 金属系材料研究開発センター：WE-NET, Sub task 6, H5年度成果報告書, 93 (1994).
50) 藤井秀樹：水素エネルギーとステンレス鋼, フォーラム「ステンレス鋼の環境とリサイクル」日本鉄鋼協会, 13 (2000).
51) 産業技術総合研究所：平成22年度石油精製業保安対策事業（水素エネルギー利用に伴う材料使用基準に関する調査研究）報告書 (2011).
52) プレテック㈱：カタログ「低温高圧疲労試験機」(2016).
53) プレテック㈱：高圧水素環境下共振疲労試験装置, 水素先端世界フォーラム2016出展資料 (2016).
54) B. P. Somerday, J. A. Campbell, K. L. Lee, J. A. Ronevich and C. San Marchi：*Int J Hydrogen Energy*, **42**, 7314 (2016).
55) ©NIST.
56) TWI Video：https://www.youtube.com/watch?v=nRKxxHolDtI.
57) ©MPA.
58) ©浙江大学化工機械研究所.

第 2 章

水素材料の強度評価技術

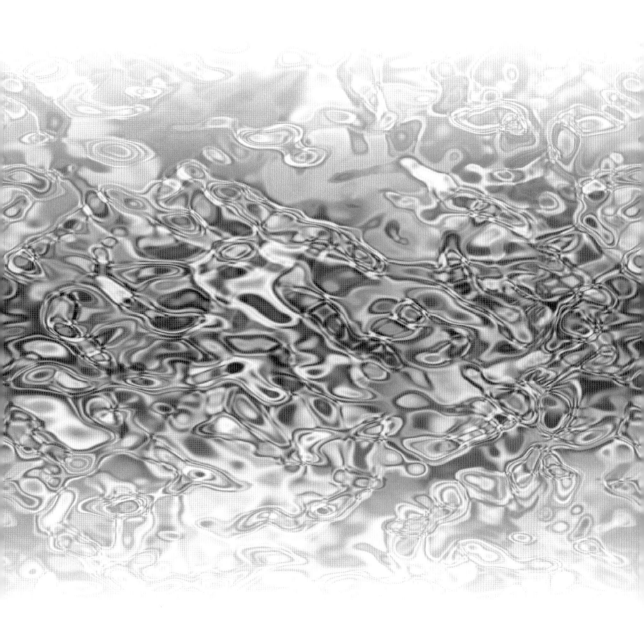

第2章 水素材料の強度評価技術

第1節 水素脆化の特徴とメカニズム解明に向けて

上智大学 高井 健一

1. はじめに

　現在，地球上の CO_2 排出量の約20％を運輸部門が占めるが，その大半が自動車からのものだと言われている。発展途上国を中心に，2030年には16億台まで増加すると試算されており，今のままだと CO_2 排出の増加は避けられない。自動車に要求される基本機能として，「環境」と「安全」がある。特に最近は，環境技術で優位に立つことが自動車産業で生き残る唯一の道，と言われている。自動車メーカー各社が自動車走行時における CO_2 排出低減のために取り組んでいる技術の一例を図1に示す[1]。燃費向上方法として，エンジンやトランスミッション等の単体効率向上，および軽量化や空気抵抗低減等の走行抵抗低減が挙げられる。これらの中でも軽量化の効果は大きく，自動車を10％軽量化できれば5～10％の燃費向上につながり，世界全体でみたら莫大な CO_2 排出低減に貢献できる。一方，新動力として，エコカーと呼ばれるハイブリッド車，プラグイン・ハイブリッド車，電気自動車，燃料電池車などの開発が急がれている。図1の中で，低炭素社会に向けた「軽量化」と脱炭素社会に向けた「燃料電池車」の取り組みにおいて，共通する緊急の課題として水素脆化克服が挙げられる。

　この「燃料電池車」を中心とした水素利用社会実現に向けたいくつかの課題に対して技術的なブレークスルーが必要であり，さらなる高強度化および水素ガスの高圧化が進み，水素脆化にとっては厳しい環境で使用されることが想定されるため，水素脆化研究の基礎・基盤構築は益々重要な位置付けとなる。これまで，多くの研究機関が水素脆化の課題に取り組んできており，水素脆化全般に関して多くの優れた参考書[2)3)]，解説[4)5)]が執筆されているため，本稿では主に金属材料に水素が吸着してから水素脆化により破壊に至るまでの特徴，基礎事項，および主な水素脆化機構に焦点を絞り概説する。

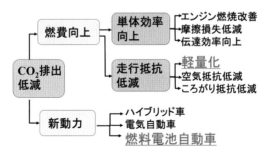

図1　自動車走行時の CO_2 排出低減化技術と水素脆性の関係[1)]

2. 水素脆化とは

　水素はクリーンエネルギーとして脚光を浴びているが，一方，水素エネルギー利用社会構築において負の側面も有している。水素は最も小さな原子であるため，金属中の原子の隙間を自由に動き回る。応力が負荷された状態で使用されることの多い機械・構造材料では，水素の影響を受けてある年月経過後に小さな力で突然破壊する水素脆化が危惧される。自動車の「環境」と「安全」を両立するために，高強度鋼の適用拡大を急いでいるが，高強度鋼ほど水素脆化が起こりやすいという問題を抱えている。雨や結露などの水（H_2O）の付着によって鉄鋼材料が錆びる際，カソード反応で水素原子が固溶し拡散するためである。

　また，燃料電池車の燃料となる水素は室温で気体であるため，体積当たりのエネルギー密度がガソリンの1/3000程度しかない。そこで，ガソリン車並みの航続距離を確保するには，高圧水素タンクの水素圧を35〜70 MPaまで圧縮する必要がある。また，ガソリンスタンドに代わる水素スタンドでは，車載搭載以上の水素圧を必要とする。しかし，水素を高圧にすると，水素分子が金属表面で解離し，水素原子として金属内に固溶・拡散する。図2に示すように，水と水素が循環しゼロエミッションである水素利用社会を目指すにあたり，水素の製造から輸送・貯蔵，燃料電池車等に必要なインフラ材料の大部分は水素と接する可能性がある。言い換えると，水素と接する全ての金属材料において水素脆化克服が緊急の課題となる。

3. 水素の吸着から破壊まで

　水素が金属表面に吸着してから破壊を引き起こすまでの過程をポテンシャルエネルギーの模式図上に表したものを図3に示す。水素ガス中では，水素分子が金属表面に物理吸着し，その一部が解離し水素原子として化学吸着して，さらにその一部が固溶熱（E_S）を超えて金属内部へ侵入し固溶する。固溶した水素は格子間の隙間を拡散し，熱活性化過程の助けを借りて拡散の活性化エネルギー（E_D）を超えながら内部へ拡散する。実用金属材料は原子配列の乱れたサイト（格子欠陥，析出物，介在物など）を多く含むため，拡散の途中で水素はこのよう

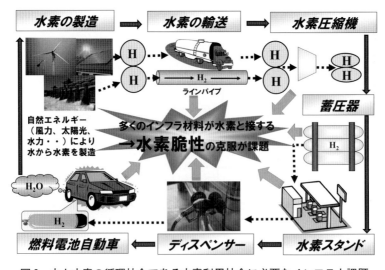

図2　水と水素の循環社会である水素利用社会に必要なインフラと課題

第1節　水素脆化の特徴とメカニズム解明に向けて

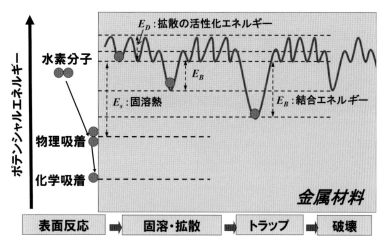

図3　金属材料中の水素のポテンシャルエネルギーの模式図

な各種結合エネルギー（E_B）を有するサイトに捕獲される。水素はこれらのサイトに濃化し，外部から応力が負荷されることで，低い応力あるいは小さなひずみでも破壊に至ることがある。

4. 水素添加方法

　水素脆化の実験を行う際，実使用環境を適正に再現するために必ず材料中へ水素を添加する。しかし，数 ppm 以下の所定の微量水素量を一定期間安定に吸蔵させることは容易ではない。図4に代表的な水素添加方法の模式図を示す。(a)の陰極電解水素チャージ法は試験片を陰極にすることで，鋼材を腐食させることなく水素を添加可能な方法である。また，(b)の浸漬法は各種水溶液（塩酸，Fédération Internationale de la Précontrainte：FIP 浴等）中で試験片を腐食させる代わりに，カソード反応で水素を吸蔵させる方法であり，鋼の表面は損傷するが，取り扱いが簡便な方法である。さらに，(c)の水素ガス環境暴露法は，高圧水素環境からの材料内へ侵入する水素を模擬するため，高圧水素セル内に試験片を設置し，水素ガス分子から材料内へ水素原子として吸蔵させる方法である。その他，大気腐食環境を実験室内で模擬したサイクル腐食試験によって水素添加する方法も用いられている。

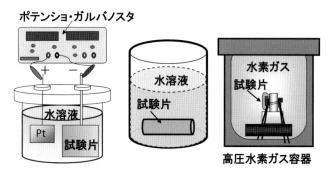

図4　金属材料への主な水素添加方法

5. 水素分析方法と水素存在状態解析

金属材料中の水素分析としては，水素量測定，水素拡散係数測定，水素存在状態解析，水素分布の可視化など，様々な手法が用いられてきた．本稿では，その中で，水素分布の可視化，水素存在状態解析，さらに水素存在位置の同定に関する結果を紹介する．

図 5(a) に，二次イオン質量分析法（SIMS）を用いて，球状黒鉛鋳鉄中の重水素分布の可視化とライン分析の結果を示す[6]．白色部分が重水素濃度の高い箇所である．黒鉛とフェライトの界面，およびパーライト部分に重水素が濃化し，一方，黒鉛およびフェライト内の重水素濃度は低い．右のライン分析結果からも，重水素濃度は均一でなく，金属組織に対応して数〜数十倍の偏析があることがわかる．

近年，鉄鋼材料中の水素量測定および水素存在状態解析を目的として，昇温脱離法（TDS，TDA）が広く用いられている．この手法を用いることで，水素存在状態を分離した例を図 5(b) に示す[7]．水素添加した焼戻しマルテンサイト鋼の TDA で得られた水素放出温度プロファイルを左図に，冷間伸線パーライト鋼のプロファイルを右図に示す．焼戻しマルテンサイト鋼においては，200℃以下で放出される低温側のピーク（Peak 1 水素）が一つ出現する．30℃恒温槽で 8 h，168 h と保持すると，Peak 1 水素は徐々に脱離し減少することから，拡散性水素と呼ばれる．一方，冷間伸線パーライト鋼においては，Peak 1 水素の他に，200〜400℃で放出する Peak 2 水素の明瞭な 2 つのピークが出現する．Peak 1 水素は 30℃恒温槽保持で徐々に脱離し減少するが，Peak 2 水素は減少しないことから，非拡散性水素と呼ばれる．以上のよ

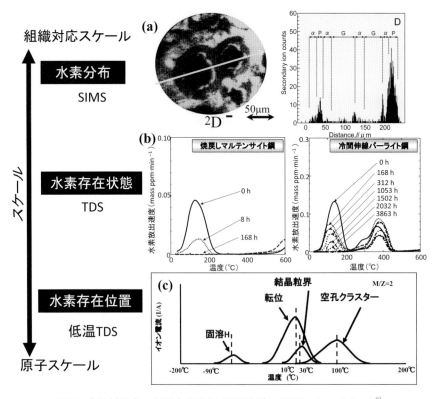

図 5　金属材料中の各種水素分析（組織対応〜原子スケールまで）[6]

うに，TDAを用いることで，鋼中に侵入した水素を大別して弱いトラップ状態と強いトラップ状態である2つの水素存在状態に分離可能である[8]。

さらに，原子スケールでの水素の存在位置まで解析するため，−200℃から昇温可能なTDSを用いて，各種格子欠陥を強調した純鉄からの水素放出プロファイルの模式図を図5(c)に示す[7]。トラップの影響が少ない固溶状態の水素は約−100℃から放出を開始し，転位にトラップされた水素は約10℃ピーク，結晶粒界にトラップされた水素は約30℃ピーク，空孔クラスターにトラップされた水素は約100℃ピークに対応する。

以上のように，金属組織に対応した水素分布の可視化から，水素-トラップサイト間の結合エネルギーの大小に対応した水素存在状態の分離，さらに最近は，各種格子欠陥にトラップされた水素の分離，すなわち原子スケールでの水素の存在位置まで解析可能になってきた。

6. 水素脆化感受性評価

水素脆化感受性評価方法には大別すると，鋼材間の優劣を決める相対評価と実使用環境での使用可否や寿命を判断する絶対評価がある。これまで，各製品，各研究機関においてさまざまな評価方法が採用されてきた。代表的な試験装置の模式図を図6に示す。図6(a)は水素添加しながら一定の引張速度で破断まで試験し，破壊強さあるいは延性低下から水素脆化感受性を評価する引張試験である。一方，図6(b)は水素添加しながら一定の荷重を負荷し破断までの時間，あるいは遅れ破壊限度応力を求める定荷重試験（Constant Load Test：CLT）である。引張試験結果の一例として，水素量を変化させたInconel 625とSUS 316Lの公称応力-公称ひずみ曲線を図7に示す。Inconel 625は水素量の増加とともに，破断強さおよび伸びとも減少し，水素脆化感受性の高い材料である。一方，同じ面心立方格子の結晶構造であるSUS 316Lは，水素量を93 mass ppmまで多量に添加しても破断強さおよび伸びとも水素未添加材とほとんど変化なく，水素脆化感受性の低い材料である。

次に，高強度鋼について図6で示した2種類の方法で水素脆化感受性を比較した結果を紹介する。図8に円周切り欠きを導入した1450 MPa級焼戻しマルテンサイト鋼の各クロスヘッドスピードにおける応力−変位曲線を示す[9]。図4(a)に示した陰極電解水素チャージ法により水素量2.4 ppmを予添加し，引き続き同一条件で水素添加しながら引張試験した結果である。水素未添加材に比べ，水素予添加材の破壊強さは低く，さらにクロスヘッドスピードの低下とと

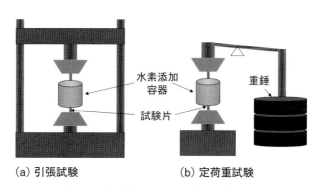

(a) 引張試験　　　(b) 定荷重試験

図6　金属材料の主な水素脆化評価方法

第2章 水素材料の強度評価技術

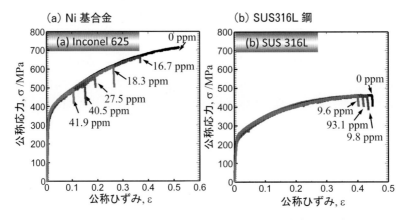

図7 引張試験で得られる強度と延性に及ぼす水素量の影響

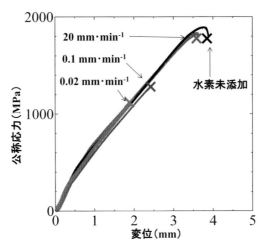

図8 円周切り欠きを導入した焼戻しマルテンサイト鋼の各種クロスヘッドスピードにおける応力-変位曲線[9]

もに破壊強さも低下する。これらの結果を，破壊強さとクロスヘッドスピードで整理したものを図9に示す[9]。水素未添加材はクロスヘッドスピードの影響を受けないが，水素予添加材はクロスヘッドスピードの低下とともに破壊強さも低下し，その後一定となる下限界応力が表れる。

また，図6(b)に示した定荷重試験により得られた同一の焼戻しマルテンサイト鋼の負荷応力と破断時間の関係を図10に示す。水素添加条件も図9の引張試験と同一とした。定荷重試験において100h経過しても破断しない応力を下限界応力とする。引張試験と定荷重試験とも水素予添加し，かつ試験中も同一条件で水素添加することで，ほぼ同一の破壊強さが得られる。一方，定荷重試験において，水素予添加せず，定荷重負荷後に水素添加を開始すると，破壊強さが約200 MPa高くなる。以上より，引張試験および定荷重試験で得られる破壊強さに関しては，試験片表面と中心の水素濃度が均一に達するまで水素予添加してから応力負荷することで，どちらも破壊強さが一致することがわかる。

図11に水素添加した1450 MPa級マルテンサイト鋼を引張試験して得られた破面のSEM写真を示す。図11(a)は0.21 mass%Siを含む焼戻しマルテンサイト鋼の破面写真であり，典

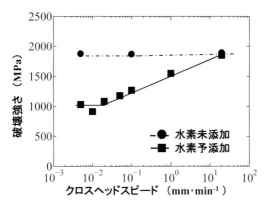

図9　円周切り欠きを導入した焼戻しマルテンサイト鋼の破壊強さとクロスヘッドスピードの関係

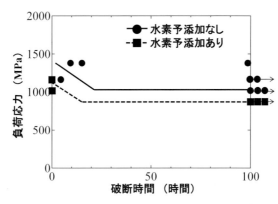

図10　円周切り欠きを導入した焼戻しマルテンサイト鋼の定荷重試験により得られた負荷応力と破断時間の関係[9]

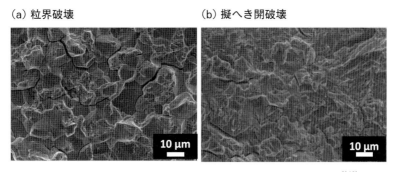

図11　水素添加した焼戻しマルテンサイト鋼の破面観察写真[9][10]

型的な旧オーステナイト粒界割れである[10]。一方，図11(b)は1.67 mass% Siを含む焼戻しマルテンサイト鋼の破面写真であり，典型的な擬へき開割れである[9]。

　また，引張強さ1100 MPa級鋼高強度鋼を3つの代表的な評価手法であるCLT，低ひずみ速度引張試験法（Slow Strain Rate Test：SSRT），通常速度引張試験法（Conventional Strain Rate Test：CSRT）[11]を用いて評価した結果を**図12**に示す[12]。CLT法，SSRT法での

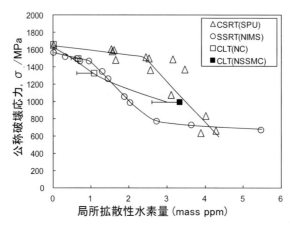

図12 各種水素脆化試験法で得られた公称破壊応力に及ぼす局所拡散性水素量の影響[12]

破壊起点の局所拡散性水素量を求め，CSRT法の破壊限界と比較した。局所的に集積した拡散性水素を考慮して水素割れ破壊限界を評価すると，破断する水素量の序列はSSRT法＜CLT法＜CSRT法となる。評価結果が異なった理由として，水素と転位の相互作用が考えられる。SSRT法は転位が低速で移動するため，転位の移動に水素が拡散により追随できるため，転位と水素の相互作用が大きく，一方，CSRT法は転位が高速で移動するため，水素は転位の移動に追随できず，転位と水素の相互作用が小さいためと推定される。したがって，局所的に同じ水素量の条件で試験を行った場合でもSSRT法よりCSRT法は水素脆化感受性が小さくなる可能性が考えられる。一方，定荷重試験法は応力負荷時には急激に転位が移動するため水素と転位の相互作用は小さいと思われるが，試験中のリラクゼーションによって転位が移動し水素との相互作用を発生するため，水素割れ破壊限界はSSRT法とCSRT法の間になったと推定される[12]。

7. 水素脆化に及ぼす因子

　高強度鋼の水素脆化に及ぼす因子として，高強度鋼の内部に起因する組織因子と外部に起因する環境因子がある。組織因子として，結晶粒径，転位の安定度[13]，水素存在状態[8]などの影響が報告されている。一方，環境因子として，温度，ひずみ速度，水素量などの影響が報告されている。本稿では，冷間伸線パーライト鋼の水素脆化に及ぼす4つの因子（温度，ひずみ速度，水素量，水素存在状態）について紹介する。

　図13(a)に，ひずみ速度を$8.3\times10^{-6}\,s^{-1}$，Peak 1 水素量を1.9 mass ppm，Peak2 水素を2.6 mass ppmと一定とした冷間伸線パーライト鋼の引張試験後の相対絞りに及ぼす温度の影響を示す[14]。なお，縦軸の1.0は水素の影響がないことを示し，値が低下するほど水素脆化感受性が高まることを示す。Peak 2 水素の相対絞りは，いずれの温度でも約1.0を維持し，この温度範囲では相対絞りに及ぼすPeak 2 水素の影響は小さい。一方，Peak 1 水素は－30℃付近から相対絞りを低下させ，30℃，70℃と温度上昇とともに大きく低下させる。

　図13(b)に，温度30℃，Peak 1 水素量を1.9 mass ppm，Peak2 水素量を2.6 mass ppmと一定とした冷間伸線パーライト鋼の相対絞りに及ぼすひずみ速度の影響を示す[14]。Peak 2 水

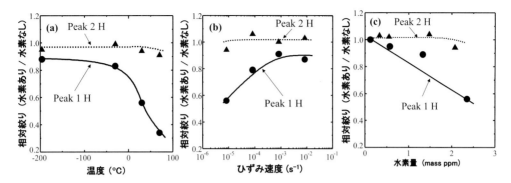

図13 冷間伸線パーライト鋼の水素脆化感受性及ぼす(a)温度, (b)ひずみ速度, (c)水素量の影響[14]

素の相対絞りはいずれのひずみ速度でも約1.0を維持し, このひずみ速度の範囲では相対絞りに及ぼすPeak 2水素の影響は小さい。一方, Peak 1水素はひずみ速度 $10^{-4}\,s^{-1}$ オーダー以下から相対絞りを大きく低下させる。

図13(c)に, 温度30℃, ひずみ速度を $8.3\times10^{-6}\,s^{-1}$ と一定とした冷間伸線パーライト鋼の相対絞りに及ぼすPeak 1水素量およびPeak 2水素量の影響を示す[14]。Peak 2水素量を増加しても相対絞りは約1.0を維持し, この水素量の範囲では水素脆化感受性への影響は小さい。一方, Peak 1水素量の増加とともに相対絞りは大きく低下する。

以上より, 非拡散性水素であるPeak 2水素のみを含んだ状態では, いずれの温度(−196℃〜70℃の範囲), ひずみ速度, Peak 2水素量でも水素脆化感受性に影響を及ぼさず, 一方, 拡散性水素であるPeak 1水素を含んだ状態では, 温度, ひずみ速度, Peak 1水素量は水素脆化感受性に大きな影響を及ぼすことがわかる。

8. 水素脆化機構

これまで, 水素脆化に関する研究は古くから実施されててきたが, まだ, 統一した水素脆化理論には至っていない[2]。その原因の一つとして, 水素は原子番号が一番小さく金属中へ容易に侵入し著しく速く拡散するため, 破壊直後に材料中から放出してしまい, 現行犯で捕らえ実証することが困難なこと, および水素のような軽元素を検出できる分析装置も限られること, などが挙げられる。もし, 水素脆化の本質を解明できれば, 水素脆化克服に向けた材料設計指針へ反映でき, 安全で環境性能に優れた高強度金属材料の創製が可能となる。

従来, 水素脆化理論については多くの説が提案されてきたが, その中で, 代表的な3つの水素脆化理論の模式図を**図14**に示す。(1)格子間に固溶した水素により原子間結合力が低下する格子脆化理論[15)16)], (2)水素により転位の運動・発生が助長され, 局所的な塑性変形が促進される水素局部変形助長理論[17)-19)], (3)塑性変形に伴う空孔の生成を水素が安定化し凝集・クラスター化を助長し, 延性的な破壊の進行を容易にする水素助長塑性誘起空孔理論[20]が提唱されているが, 国際的にも議論が分かれている。最近の分析・解析機器, 計算科学の進歩もあり, 今後の解明が期待される。

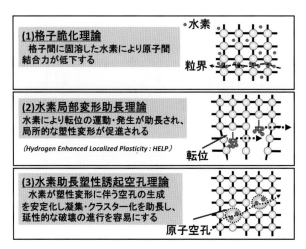

図14 主な水素脆化機構の模式図

9. おわりに

　最近の分析技術の進歩により，金属組織に対応した水素分布の可視化から，さらに下部組織に対応した水素の存在位置まで検出できるようになった。水素がどこに（格子欠陥レベルでの水素トラップサイトの同定），どのくらいの強さで（結合エネルギー），どのくらいの量（占有率）トラップされているかを把握しながら水素脆化試験することで，水素脆化の進行過程を原子スケールで解明でき，最終的には水素脆化機構の解明まで期待される。長年研究されてきた水素脆性というマクロな力学特性劣化の問題に対し，原子レベルでの水素分析技術と力学試験とを組み合わせることで，より水素脆性の本質に迫ることが可能である。このような基礎・基盤技術を積み上げ，水素脆性という学際的かつ複雑な現象を紐解くことで，安全で信頼性の高い高強度材料の開発，さらには水素エネルギー社会実現への展望が開けると期待される。

文　献

1) 梶川義明：まてりあ, **39**, 25 (2000).
2) 南雲道彦：水素脆性の基礎, 内田老鶴圃 (2009).
3) 松山晋作：遅れ破壊, 日刊工業新聞社 (1989).
4) 飯野牧夫：鉄と鋼, **74**, 601 (1988).
5) 飯野牧夫：鉄と鋼, **74**, 776 (1988).
6) K. Takai, Y. Chiba, K. Noguchi and A. Nozue：*Metall. Mater. Trans. A*, **33**, 2659 (2002).
7) 高井健一：材料と環境, **60**, 230 (2011).
8) K. Takai and R. Watanuki：*ISIJ Int.*, **43**, 520 (2003).
9) Y. Matsumoto and K. Takai：*Metall. Mater. Trans. A*, **48**, 666 (2017).
10) Y. Matsumoto and K. Takai：*Metall. Mater. Trans. A*, **49**, 490 (2018).
11) Y. Hagihara：*ISIJ Int.*, **52**, 292 (2012).
12) T. Chida, Y. Hagihara, E. Akiyama, K. Iwanaga, S. Takagi, H. Ohishi, M. Hayakawa, D. Hirakami and T. Tarui：*Tetsu-to-Hagané*, **100**, 1298 (2014).
13) Y. Matsumoto, K. Takai, M. Ichiba, T. Suzuki, T. Okamura and S. Mizoguchi：*ISIJ Int.*, **53**, 714 (2013).

14) T. Doshida and K. Takai：*Acta Mater.*, **79**, 93 (2014).
15) R. P. Frohmberg, W. J. Barnet and A. R. Troiano：*Trans. ASM*, **47**, 892 (1955).
16) R. A. Oriani and P. H. Josephic：*Acta Metall.*, **22**, 1065 (1974).
17) C. D. Beachem：*Met. Trans.*, **3**, 437 (1972).
18) T. Tabata and H. K. Birnbaum：*Scr. Metall*, **18**, 231 (1984).
19) H. K. Birnbaum and P. Sofronis：*Mater. Sci. Eng, A*, **176**, 191 (1994).
20) M. Nagumo：*Mater. Sci. Technol.*, **20**, 940 (2004).

第2章 水素材料の強度評価技術

第2節 高圧水素ガス環境中の簡便な材料評価技術

国立研究開発法人物質・材料研究機構　緒形　俊夫

1. はじめに

　構造材料を安全かつ安心して使用するには，実際に使われる環境で特性評価試験を行い，材料の個々の特性に対する環境による影響を把握しておくことが，信頼性を確保するためにも必須であり，機器の認可の際にも実際に使う材料の実環境の特性データを示すことが求められる。しかし，使用される温度や圧力や雰囲気等の環境が極限的になるほど環境の生成と維持に必要な装置が大型化し，設備の導入・運用・維持の経費や労力が増大し，試験の実施が難しくなる。

　構造材料の水素適合性は国内では多くの場合，中実の丸棒試験片を用いて高圧水素環境中での低速度引張（SSRT）試験において得られる絞りの値と不活性ガスあるいは大気中で得られる絞りの値の比で評価されている。塑性変形しない環境の材料特性を絞りで評価すること自体が不合理であるが，絞りへの水素の影響は，歪み速度が$10^{-6}\,s^{-1}$と遅い方が大きいということでSSRT試験が行われる。高圧水素中の材料試験は，図1に示すように，試験片及び治具を高圧容器内に置き試験片の周囲を高圧水素環境にして容器を貫通させたプルロッドにより荷重を負荷する方法が従来の手法であるが，材料試験機と高圧設備に1億円以上を要する。さらに，水素の使用量は少なくない，高圧容器を用いるため高圧ガスの取り扱いが容易ではない，試験片の温度を変えるには容器内の高圧水素ガスと高圧容器を含めて温度を調整する必要があり温度を変え難い，試験片に荷重を負荷するプルロッドと高圧容器との間の摺動部のシールが低温／高温では難しい，等々の課題があり，試験装置の導入と試験実施は容易ではない。

　近年，水素ステーションにおける燃料電池車への高圧水素充填法として，液化水素の急速気化あるいは昇圧にした液化水素を気化して生成した高圧水素ガスの充填法が検討され，高圧水素かつ極低温環境下で使用される材料の特性の取得と水素脆化感受性の評価が求められているが，従来法では困難である。そこで構造材料の高圧水素環境下の特性評価を，従来の中実試験

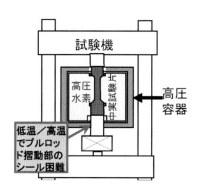

図1　中実試験片方式概要図

片を高圧水素容器内に入れて試験する方式（中実試験片方式）と同等の評価を，図2に示すように，中空試験片内の微小な空隙に高圧水素を封入して試験する簡便法（中空試験片方式）が開発されている[1]。

これまで中空試験片方式により，オーステナイト系ステンレス鋼をはじめ様々な材料について，室温から低温にかけて高圧水素環境下の引張試験が行われ，従来の報告[2]と比較され，簡便な材料試験法の有効性が確認されるとともに，低温下での高圧水素の引張特性のみならず疲労特性への影響が調べられている[3)-12)]。本試験法は，高圧水素環境に限らず他の腐食環境や－253℃の極低温から200℃を超える高温までのあらゆる環境条件下の材料試験に適用できる。

本試験法は，従来の高圧容器中で試験をする方法と比べて設備費や維持費が1/1000〜1/10で，使用する水素量が微量であるだけでなく，－50℃以下の高圧水素環境の材料特性を簡便に得る唯一の方法である。燃料電池車や水素ステーション等における高圧水素環境下で使用される材料の機械的特性に及ぼす高圧水素の影響を評価するスクリーニング法として当初は認知されていたが，水素社会の普及に向けて本試験法が活用され，従来法による評価結果と同等以上であることを検証することで，標準試験法になることが期待されている。

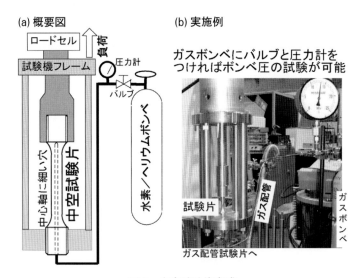

図2　中空試験片方式

2. 中空試験片による簡便な高圧水素中SSRT試験
2.1 試験片

過去に，配管状の試験片を用いて内部に環境物質を入れた軸荷重試験の例は数多くあり，広く認識されている。本中空式試験法は，穴の内径を試験片平行部外径より十分に小さくし，断面積にして10%以下にすることで，強度特性や伸びに加えて絞りの測定が可能になり，相対絞りによる高圧水素の影響の評価を可能にした。

中空式丸棒引張試験片の外観と図面を図3に示す[11]。水素適合性を絞りの比で評価するため，丸棒引張試験片が一般的に用いられるが，試験片内に高圧水素や他の環境を作り，得られる材料特性の変化を評価する手法は，他の試験片形状や材料試験にも適用できる。

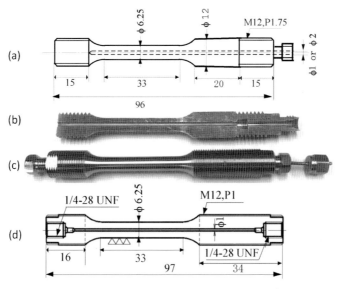

図3 試験片の概略図と寸法（単位：mm）[11]
（a）継手タイプの寸法図，（b）半割の外観写真，（c）UNFタイプの外観写真，（d）UNFタイプの寸法図

　中空式丸棒引張試験片の平行部直径は6.25 mmで，試験片内に高圧ガス環境を封じ込める微小空隙として，試験片端部より中心軸に内径1～2 mmの穴をワイヤカットによりあけている。ワイヤカットは，放電加工により他の端部まで貫通させた穴にワイヤを通して，所定の内径になるようにくりぬくものである。貫通させた一方の端部は加工後に溶封し，高圧ガスを注入する端部には，配管ジョイントを溶接した。図3(b)に半割りにした試験片を示す。図3(c)は，端部に継手や配管を溶接するのではなく，ネジ部の中にUNF継手を加工し，溶接のコストと溶接部からの漏れの可能性を無くした試験片である。図3(d)に継手部の寸法を示す。
　試験片平行部における外径と内径の様子を**図4**に示す。
　穴の内径は，使用するガス量の削減と得られる絞りの値の影響を小さくするために，小さい方が好ましい[3]。例えば**表1**に示すように，SUS304Lの室温大気中の絞りは，穴なしの中実試験片で82％だが，中空試験片の内径1 mmで80％，2 mmで76％となり得られる絞りの値が小さくなる。しかし，水素環境中とヘリウムガス環境で得られた絞りの比の％にすると，1ポイント以下の差にすぎず，1 mm径では，試験前後の断面積変化を計算するため穴の径の変化

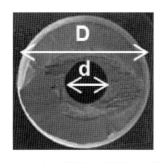

図4　中空試験片の外径と内径

表1　SUS304Lの室温の絞りに及ぼす穴の径の影響

内径	断面積比	絞り(%)
0(中実)	1	82
1mm	0.975	80
2mm	0.9	76

を測定してもしなくても，絞り比の値の差は1ポイント以下である[1]。

穴の内径をピンゲージを用いて100分の1 mmの精度で計測し，試験前後の穴の内径変化を含めた試験片の断面積を算出し，相対絞りを以下のように計算して求めた。

絞り値＝断面積変化量／初期断面積＝$\{(D_0^2-d_0^2)-(D_f^2-d_f^2)\}/(D_0^2-d_0^2)$
(D_0：試験前の外径，d_0：試験前の内径，D_f：試験後の外径，d_f：試験後の内径)
相対絞り＝(H_2中の絞り値)／(He中の絞り値)

図5に，オーステナイト系ステンレス鋼のSUS304において，放電加工まま，ワイヤカット3回転廻し，砥石研磨（ホーニング加工）の中空試験片を半割りにした内表面の様子を示す[3]。(a)の放電加工後の内表面は，放電による焼け跡が見られる荒れた様相を示し，(b)のワイヤカット3回廻しの表面は細かい凹凸があるが最大表面粗さR_{max}は8 μmで紙やすりで600番程度である。R_{max}は，ワイヤカットの1回廻しで約35 μm，2回廻しで15 μm，4回廻しで5 μmであった。(c)の砥石研磨では大部分は鏡面研磨されているが，砥粒による浅い研磨傷が所々に観察されR_{max}は約1 μmだった。

図6にSUS304Lの室温における1 MPaと13 MPa水素中の相対絞りに及ぼす中空試験片の内表面仕上げの影響を示す[3]。表面が荒れている放電加工ままの相対絞りが小さく，水素の影響が過敏に出ているが，ワイヤカット3回転廻しと砥石研磨の相対絞りは変わらず，ほぼ同じ結果が得られている。表面粗さが細かい方が水素の影響が小さいことは従来の中実試験片を用いた方法でも同じで，試験片加工の仕上げ状態を揃える目的でバフ研磨されることが多い。しかし，実際の容器や配管類の内面は通常は研磨してないので，バフ研磨をした試験片による

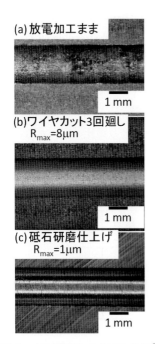

図5 中空試験片の内面の様相[3]

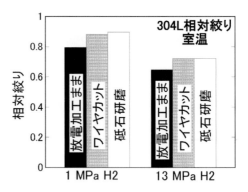

図6 SUS304Lの室温における1 MPaと13 MPa水素中における相対絞りに及ぼす中空試験片の内表面仕上げの影響

値の有用性については留意する必要がある。中空試験片の内面研磨が容易ではないことから，延性が大きく表面状態の影響を受け難いオーステナイト系ステンレス鋼では，ワイヤカット3回転廻し仕上げで十分で，従来法でバフ研磨した試験片で得られた値とほぼ同じ値が得られるとともに実材料の内面状態に近く安全側の評価をしていることになる。しかし，高強度で延性が小さく水素の影響が大きい材料や疲労試験では，粗い表面は得られる材料特性のバラツキの要因となるので，中空試験片の内面の仕上げについて考慮する必要がある。

2.2 試験装置

中空試験片による簡便な高圧水素中試験法の構成を図7に示す。試験片に荷重を負荷する材料試験機，試験片の中空部にガスを封入するガス供給部と試験片を加熱・冷却する温調部で構成される。

2.2.1 材料試験機と試験片の冶具

材料試験機は，一般的な試験機である。図7(a)に示したのは，主に低温試験用の真空断熱の冷却槽に試験片を漬けるために，上側方向から負荷するカゴ式の冶具を使っており，試験片の中空内にガスを供給する配管を冶具の下に付けている。通常の試験機で試験片の上下に掴み具がある場合は，図8に示すように，冶具に配管を通すスリットを作ることで同様にガスを供給できる。本試験法に新たな高圧設備が不要なだけでなく，さらに[4]で後述するように，

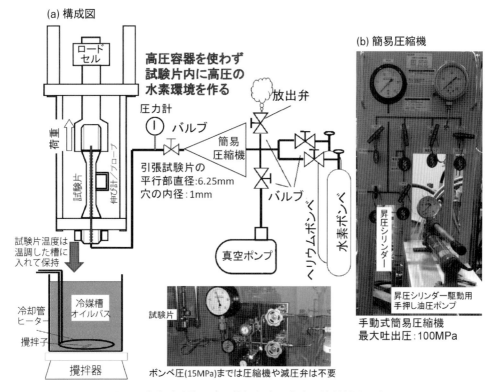

図7　中空試験片による簡便な高圧水素環境材料試験法

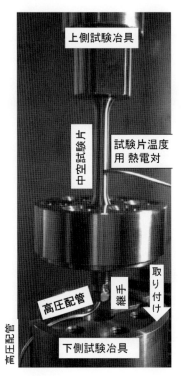

図8 中空試験片とスリット付き冶具 [11)12)]

中空試験片内にガスを封入後，配管を封じて切断してしまえば，手持ちの通常の試験冶具で試験が可能になる。

2.2.2 昇圧装置

図2(b)の実施例にも示すように，ボンベ圧までの試験は，ガスボンベにバルブと圧力計をつければ可能である。水素ガスによって強度や延性に影響がある多くの材料において，水素ガスの圧力が1MPa程度でも影響がみられ，水素ガスの圧力の影響の度合いはボンベ圧までで十分に評価でき，ボンベ圧以上にしても100MPa程度までの水素の影響の増加は小さい。本試験法では，中空試験片内に封入するガスの量は100MPaでもテニスボール1個分であり，試験片に封入する配管も細く，配管内には線材を詰めて極力空間体積を小さくしているので，圧縮するガス量もテニスボール2個分で，図7(b)に示す手動式の圧縮機でも十分である。

2.2.3 試験温度

試験温度を変える手法は，従来の高温や低温での試験と全く同じである。室温より温度を上げる場合は，ヒーターで加熱制御した空間あるいはシリコンオイルに漬ければよい。

低温の場合は，図9に示す手法を温度域に応じて選ぶ。

1）室温～－83℃（190K）

　エチルアルコールにドライアイスを入れて簡便に－78℃までを作ることもできるが，試験時間が数時間かかるので，冷却器（チラー）でエチルアルコールを冷却し温度制御

280 – 190 K(-83℃まで)　　　190 – 100 K(-173℃まで)　　　110 – 20 K(-253℃まで)

(a) -80℃冷凍機＋アルコール　　(b) 液体窒素噴霧式温調箱　　(c) He冷凍機

図9　中空試験片の温度調節方法

する。図 9(a)では，真空断熱容器の中のアルコールとチラーからの冷媒を通すらせん状の熱交換器の中に，試験片を装着した試験機の治具を入れる。

加熱や冷却に液体を使う場合は，マグネットスターラーの撹拌子を入れて撹拌する。
室温から－83℃までの冷却時間は，約1時間である。

2）－83～－173℃（190～100K）：液体窒素噴霧

図 9(b)に示すように，沸点が－196℃の液体窒素を気化させ，温度調節して噴霧する液体窒素噴霧式温調箱を使う。市販品もあるが自作も可能である。冷却時間は，試験片は約 30 分で冷えるが，負荷治具の径が太い場合は，治具の温度勾配が安定するまで，1時間近く要する。

3）－173～－253℃（100～20 K）

沸点が－269℃（4 K）の液体ヘリウム容器からの気化したガスの顕熱を使って試験片を冷却し，治具に付けたヒーターで温度調整すると，10 K 近い試験温度が安価で数時間で得られるが，気化したガス流量を長時間にわたって調整するのは容易ではないので，図 9(c)に示す He 冷凍機を使う方が高価であるが安定した温度が得られる。しかし，20 K に達するまで約 10 時間かかる。20 K 以下に冷却すると水素は液体になり，16 K以下で固化して配管が詰まる。

2.3　試験手順の例

0）試験片の測長（平行部直径，罫書いた標点間距離）と初期フェライト量等を測定。
1）試験片を試験治具に装着し，加圧用の配管を長いネジ部端（下側）に接続する。
2）使用ガス（水素ガスあるいはヘリウム等の不活性ガス）を充填しガス漏れチェック。
3）ガスを放出し試験片内と配管内を真空引き（再びガスを入れ真空引きを2回行う）。
4）試験片平行部に伸び計を2個マウントし，必要に応じて温度センサーを付ける。
5）試験片内に使用ガスを充填し，冷媒槽や温調機で試験温度にする。加熱や冷却で治具が熱膨張や熱収縮して試験片に過大な力がかからないように，加熱冷却中は荷重制御にする。
6）試験片温度が試験温度に達したら，ガス圧を試験圧力に調整し高圧配管のバルブを閉める。

7) 不活性ガスは試験温度とガス圧力が安定したら直ちに，水素ガスは充填後，1時間経過し，試験温度とガス圧力が安定したら試験を開始する。
8) 試験は，従来の中実試験片の SSRT 試験が $5\times10^{-5}\,\mathrm{s}^{-1}$ 以下で行われていることから，変位速度を毎分 0.06 mm（初期歪み速度：約 $3\times10^{-5}\,\mathrm{s}^{-1}$）で行う。
9) 試験中は，ガス圧の変化や荷重の挙動に異常がないかを監視し，試験片が破断しガスが放出された時の変位を記録する。
10) 引張試験のみの所要時間は，3時間〜7時間。

2.4 中空試験片による簡便な高圧水素環境 SSRT 試験の留意点

引張試験において最高荷重に達しくびれが始まると，試験片外表面より試験片の中心軸の三軸応力が高くなることもあり，中空試験片では中空内面からき裂が発生し試験片表面に達し破断に至る。この際，延性の大きな材料ではき裂が表面に達しても破断に至らず，中空内のガスが漏れ出て，変形が継続する場合がある。この場合は，き裂が試験片表面に達しガスが漏れ出た点を破断点として，伸びと絞りを算出する。

破断前に漏出した場合の伸びの算出：記録した荷重-変位曲線から水素の影響で破断が始まりガスが漏出した変位点を確認し，最終的に破断した変位点との差を突合せ伸びの測定から減じることで破断伸びとする。荷重-変位曲線上でガスが漏出した変位点は，き裂の進展による荷重の低下速度が漏出後に緩和することから推定できるが，圧力センサーで試験中の中空のガス圧を変位と一緒に記録しておくと確実である。

破断前に漏出した場合の絞りの算出：き裂が表面に達した破面以外の変形が続くと，破断面は図 10 のように楕円形になる。絞りを算出する際に，断面積を破面全体で計算すると，水素が漏出後の断面積の変化を含むことになるが，き裂が表面に達した方向（長径）を試験後の直径とすれば，水素環境中で得られた絞りとなる。

2.5 実施例
2.5.1 荷重-変位曲線

本試験法を用いて，25 K（−248℃）から 393 K（120℃）までの試験結果および様々な材料についての評価結果が報告されているが，実施例として，市販のオーステナイト系ステンレス鋼 SUS304，SUS304L および SUS316L について，図 11 に示す。

図 11(a)〜(c)は，室温から低温にかけて 70 MPa までの高圧水素ガス環境中とヘリウムガス

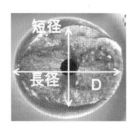

図 10　破断前にガスが漏出した破面

環境中の荷重-伸び曲線である。中空試験片でも中実試験片と同様の荷重-伸び曲線が得られる。低温になるにつれ，材料の強度は高くなるため荷重-伸び曲線も上がる。SUS304と，SUS304Lのオーステナイト相は準安定で，室温から低温で変形を受けると加工誘起マルテンサイト変態を生じるため硬化が大きい。この変態量はSUS304系では190〜200Kで最大となる[13]。SUS316Lのオーステナイト相は低温でも比較的に安定で，加工誘起マルテンサイト変態が生じ難く，変形中の硬化も小さい。高圧水素ガスの材料の強度と延性への影響は，加工誘起マルテンサイト変態が生じない材料は，230K（−43℃）前後が最大となるが，この変態が生じる材料は，変態によるマルテンサイト相の増加と硬化により水素の影響を受け易くなるた

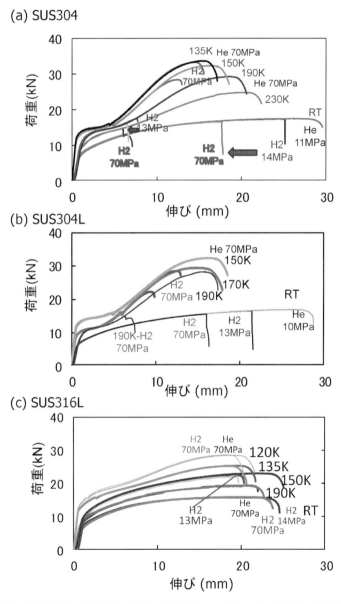

図11 室温から低温における高圧水素ガス環境中とヘリウムガス環境中の荷重-伸び曲線

めに，190〜200 K 付近で最大となる。オーステナイト相の変態に対する安定度は合金成分により大きく変化する。オーステナイト相が安定な SUS316L は低温で高圧水素中の荷重-伸び曲線が短くなっているが，水素の影響は小さい。これに対し，SUS304 と 304L の荷重-伸び曲線には水素圧の影響がみられ，圧が高いほど破断までの伸びが小さかった。これらのオーステナイト系ステンレス鋼では，水素の影響で伸びが減少しても，16％以上の伸びを示している。

2.5.2 相対絞りと高圧水素のガス圧

SUS304L と SUS316L の室温から低温にかけての相対絞りの変化と高圧水素ガス圧の影響を図12に示す。高圧水素ガス中の絞りが不活性ガス中の絞りと変わらなければ，相対絞りの値は 1 であるが，水素の影響を受けて絞りが小さくなると，相対絞りも小さくなる。荷重-伸び曲線においても高圧水素の影響が顕著に見られた SUS304 系では，10 MPa 級の水素で相対絞りは約 0.3 まで下がり，70 MPa の水素でも相対絞りへの影響は殆ど増大しないが，SUS316L は低温で水素ガス圧の影響が少し見られる。

2.5.3 中空式で得られた相対絞りの高圧容器式との比較

図13に中空式で得られた相対絞りの温度変化と高圧容器式で得られた相対絞りとを比較して示す。中実式は，国立研究開発法人産業技術総合研究所（中国工業技術試験所）において外圧式の 1.1 MPa 水素中で得られた相対絞り[2]であり，中空式はボンベ圧の 13 MPa 級の水素中で得られた相対絞りである。オーステナイト系ステンレス鋼における水素の影響は，合金成分の影響を受けるため，同じ材料で比較する必要があり，また水素の圧力が 1 MPa と 10 MPa 級で異なるため，定量的な比較は出来ないが，定性的な結果は殆ど同じである。

2.5.4 破面

中空式 SSRT 試験で得られた SUS304 の破面を図14に示す。図14(a) は室温 13 MPa 水素

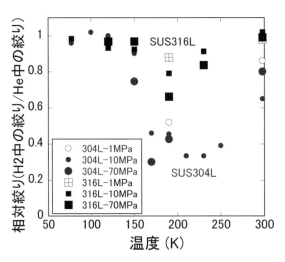

図12　SUS304L と SUS316L の室温から低温にかけての相対絞りに及ぼす高圧水素ガス圧の影響

第2節　高圧水素ガス環境中の簡便な材料評価技術

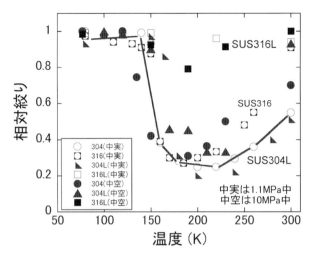

図13　中空式で得られた相対絞りと中実式で得られた相対絞りの比較

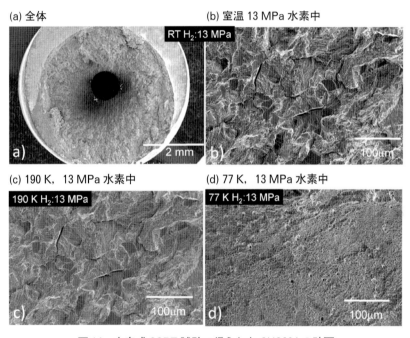

図14　中空式SSRT試験で得られたSUS304の破面

での破面全体で，中央に直径1 mmの穴が見え，穴から表面に向かって水素の影響による荒れた破面が広がっている。水素の影響による割れに関与しなかった部分が周辺部に見える。図14(b)で荒れた破面を拡大すると，小さな割れと平坦な破面が混在した煎餅を割ったような破面である。図14(c)は190 K，13 MPa水素中の破面で，破面の凹凸が減っている。図14(d)は液体窒素中の77 Kで13 MPa水素中の破面であるが，大気中あるいは不活性ガス中の破面と同じく，細かいディンプルに覆われ，水素の影響が無いことを示している。

― 43 ―

2.5.5 まとめ

中空式試験法により，高圧容器を用いることなく，従来の中実試験片及び負荷冶具を高圧容器内に置く高圧容器法による高圧水素中の材料試験と同等の水素適合性の評価が簡便にかつ安価にできることを示した。従来法との比較を表2に示す。

3. 中空試験片による簡便な高圧水素中疲労試験
3.1 試験片，試験装置，試験手順

中空試験片を用いて簡便に高圧水素環境中の疲労特性を得るための，試験片，試験装置，試験手順は同じである。異なる点は，試験片の内面を研磨する方が，特に高強度材料において，得られる特性のバラツキが小さい事である。

歪み制御で低サイクル疲労試験を行う場合は，平行部付きの試験片を用いるが，破断までの繰返し数が 10^5 を超えるような高サイクル疲労試験を荷重制御で行う場合は，図15に示すような砂時計型の試験片を用いる。

3.2 実施例

図16にSUS304Lの室温で13 MPa及び190 Kで70 MPa高圧水素環境中（10 MPaまたは70 MPa）とヘリウム中で得られたS-N曲線を示す[6]。SUS304Lの室温及び190 Kの0.2%耐力は，それぞれ約200 MPaと230 MPaである。最大応力が300 MPaの試験応力では，室温でも190 Kでも水素による影響は小さい。試験応力が高く耐力を超え，即ち塑性変形量が大きくなると，水素の影響が見られ，水素環境中の方が寿命が短くなり，見かけ上S-N曲線の傾

表2 中空式試験法と高圧容器法との比較

	高圧容器法	中空式試験法
得られる絞り比や強度特性	ほとんど同じ(図13, 圧力の影響は図12)	
高圧容器と付帯設備	要	不要
高圧ガス設備費と維持費	約1億円＋数百万円以上／年	ボンベ圧(15 MPa)まで不要
極低温／高温試験	困難あるいは不可(シール部)	可(冷却／加温設備は必要)
伸び計の使用	困難あるいは高価	可(通常の試験と同じ)
高サイクル疲労試験	数Hz以上は不可(シール部)	試験機の能力次第
使用する水素量	容積×圧力×(300/温度(K))	圧力によるが約100 cc以下

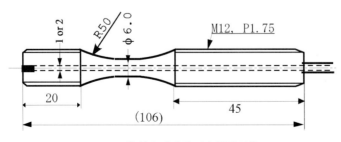

図15 配管付き砂時計型疲労試験片

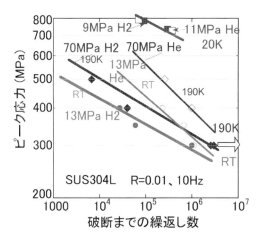

図16　SUS304Lの室温，190Kと20Kにおける高圧水素中とヘリウムガス中のS-N曲線

きが小さくなる。2.5の引張試験の実施例では，190K付近で伸びと絞りが極小となる等，顕著な水素環境の影響が見られたが，疲労特性では，低温における強度の増加が疲労特性の増加となり，低温で疲労特性の低下は見られない。**図17**と**図18**にSUS304と316Lの同様のS-N曲線[8)11)]を示す。両鋼種とも，190Kでの疲労寿命は，室温よりも増加しており，試験応力が小さいときは水素による影響は小さく，試験応力が大きいと，水素中の方が寿命が短くなるが，SUS304が304Lと同様に水素による影響が顕著であるのに対し，SUS316Lでは，水素圧の影響が若干小さい。

　本供試材のオーステナイト系ステンレス鋼においては，塑性変形量が小さい0.2%耐力付近より小さい応力での疲労特性に及ぼす高圧水素環境の影響は，殆ど無いと言える。

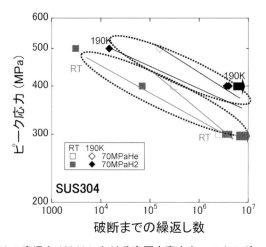

図17　SUS304の室温と190Kにおける高圧水素中とヘリウムガス中のS-N曲線

第2章　水素材料の強度評価技術

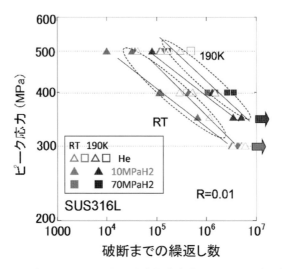

図18　SUS316L の室温と 190 K における高圧水素中とヘリウムガス中の S-N 曲線

4．簡便な高圧水素環境中材料特性評価法の発展

　中空試験片内に水素環境を設定する方法に関する特許は，管状試験片や構造体で高温や腐食環境等を設定する試験法の既存特許があり，穴の直径を小さくすることで穴のない通常材と同等の評価ができる特徴も認められなかった。しかし関連特許として，試験片内にガスを入れるだけではなく封じ込める仕組みを有する方法が認められている（4817253 号と 4696272 号）。実施例を図19に示す。この手法を用いて，試験片内にテニスボール1個分の水素を圧縮して封入した試験片を用意すれば，既存の試験機と冶具のままで，水素の適合性を評価できる。

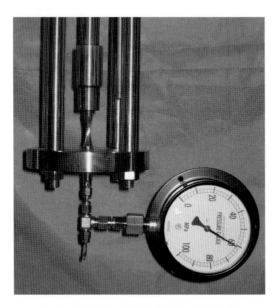

図19　60 MPa 水素を封じ切った試験片

－ 46 －

5. まとめ

水素の影響を受ける材料は，水素ガスの圧力が1 MPaでも相対絞りや強度が小さくなり，図20に示すようにな荒れた破面となる。穴の径が1 mmなら約0.1 ccの空隙で，1 MPa以下の水素を封じ込めた試験片であれば，高圧ガス保安法の規制に掛からず，材料試験機がある施設で通常の試験片と同様に引張試験や疲労試験ができ，学生実験も可能となるので，今後，中空式試験法による高圧水素の影響の簡便な評価法が普及し，水素環境下の材料特性のデータと知見が蓄積し，材料の信頼性がより高まるとともに水素の影響のメカニズム解明の知見も蓄積できると期待している。さらに本簡便法は，高圧水素環境に限らず，様々なガスや腐食環境にも対応している。

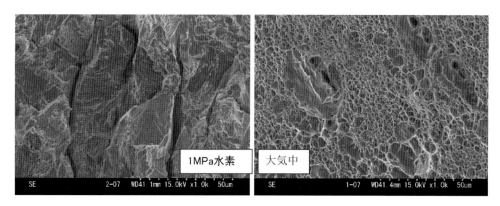

図20 SUS304の室温における1MPa水素中と大気中の破面

文　献

1) 緒形俊夫：日本金属学会講演概要, 160, 230 (2006年春季).
2) D. Sun et al.：Materials Science and Technology, 17, 302-308 (2001).
3) 緒形俊夫：日本金属学会誌, 72, 125-131 (2008).
4) 緒形俊夫：圧力技術, 46, 200-204 (2008).
5) T. Ogata：*Advances in Cryogenic Engineering Materials*, 54, 124-131 (2008).
6) T. Ogata：*Advances in Cryogenic Engineering Materials*, 56, 25-32 (2010).
7) T. Ogata：*Advances in Cryogenic Engineering Materials*, 58, 39-46 (2012).
8) T. Ogata：*IOP Conf. Series*: *Materials Science and Engineering*, 102, 012005 (2015).
9) 緒形俊夫：JRCM NEWS, 346, 2-4 (2015).
10) 緒形俊夫：JRCM NEWS, 369, 2-4 (2017).
11) T. Ogata：ASME Pressure Vessels & Piping Conference 2018 Proceeding, ASME PVP2018-84187.
12) T. Ogata：ASME Pressure Vessels & Piping Conference 2018 Proceeding, ASME PVP2018-84462.
13) 緒形俊夫, 由利哲美, 小野嘉則：低温工学会誌, 42, 10-17 (2007).

第2章 水素材料の強度評価技術

第3節 内圧式高圧水素ガスを用いた各種金属材料の水素脆化特性評価

立命館大学　上野　明

1. はじめに

　高圧水素ガス中で材料の耐水素脆化特性を評価する場合，試験片を高圧水素ガス容器の中へ入れて実験を行うのが本来の姿である。しかし，高圧水素ガス容器付き試験装置は，装置が大掛かりになるとともに，大量の水素ガスを扱う上での防爆対策も大掛かりになるため，試験装置の導入は難しい。それに対し，前節で記載のあった緒形氏考案の内圧式高圧水素ガス法[1]は，扱う水素ガスも少量であるため，簡便な実験方法として便利である。以下では，内圧式高圧水素ガス法（以下，本手法と称す）を用いた各種金属材料の水素脆性特性評価について述べる。

2. 試験片

　緒形氏考案の方法の場合，試験片両端に水素ガス用配管を溶接する関係で，試験機の治具に配管付き試験片を装着するのが難しく，治具に加工を施す必要があるため，若干の工夫を施した。図1(a)～(d) に試験片形状・寸法の例を示す。図1(a), (b) はそれぞれ，引張試験片と疲労試験片の例である。図のように，一般的な形状寸法の試験片中心に，細穴加工用放電加工機を用いて細穴をあけるとともに，高圧水素ガス注入口を試験片側面に加工する。注入口には図1(c) に示す，使い捨て式のアダプターを装着し，このアダプターに水素ガス配管を取り付けて，両端を市販のボルトと真空漏れ防止シール材で封止した試験片内部に高圧水素ガスを注入する。図1(d) はアダプターを装着した疲労試験片の写真である。アダプター先端のネジ部にもシール材を塗布して固めることでガス漏れを防止することができる。図2(a), (b) は，放電

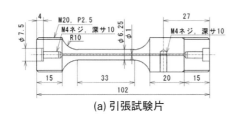

(a) 引張試験片

(c) 水素ガス注入用アダプター

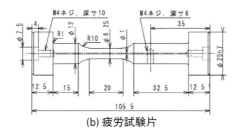

(b) 疲労試験片

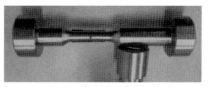

(d) 実際の試験片

図1　試験片形状・寸法の例

― 49 ―

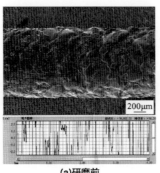
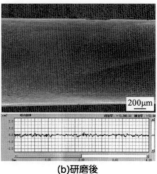
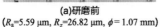

(a)研磨前　　　　　　　　　(b)研磨後
(R_a=5.59 μm, R_z=26.82 μm, ϕ= 1.07 mm)　　　(R_a=0.08 μm, R_z=0.64 μm, ϕ= 1.33 mm)

図2　細穴内面の様子

加工であけた細穴内面の様子である。加工のままでは穴内面は非常に粗れているので疲労試験結果に影響を与える。そのため，特殊な方法で穴内面を研磨した上で実験に用いる必要がある。研磨前後の細穴内面の表面粗さの違いは図の通りである。**図3**は，試験片および配管系の模式図である。真空ポンプを用いて，一旦，細穴内部の空気を排気した上で，市販の水素ガスボンベ（ガス圧：14.7 MPa）から水素ガスを試験片内部に注入した後に実験を開始する。なお，図中の四角枠部分を切り離して実験を行うため，圧力計で実験中の水素ガス漏れの有無を監視できる。

本手法の場合，試験機によって試験片軸方向に作用させる応力と，細穴内部の内圧によって試験片円周方向に発生する応力（以下，円周応力 σ_θ と称す）で二軸応力状態になる。**図4**(a)，(b)はそれぞれ，内外圧を受ける厚肉円筒断面に生じる応力（図4(a)）と，実際の細穴付き試験片（試験片外径＝6.25 mm，細穴内径＝1.0 mm，外圧 p_1 = 0.1 MPa，内圧 p_2 = 14.7 MPa）で発生する応力分布である。以下の4項で示す実験結果は，試験片外径と細穴内径の寸法比を調整して，14.7 MPa の水素ガス圧のもとで供試材の引張強さ σ_B に対する円周応力 σ_θ の割合が10％未満になるように配慮して行ったものである。

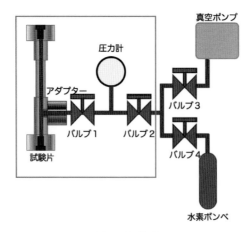

図3　配管系

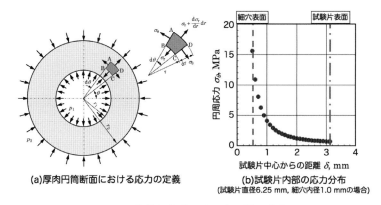

図4　内外圧を受ける厚肉円筒の応力

3. 供試材および実験条件

筆者の研究室で行って来た，本手法を用いた強度評価の一覧を表1に示す。扱った材料は，アルミニウム合金 A7075，オーステナイト系ステンレス鋼 SUS316L，クロムモリブデン鋼 SCM435 である。A7075 は，水素環境中で強度低下を起こすため実際に高圧水素ガス用機器用として用いられることはないが，本手法で水素の影響がきちんと評価できるかどうかを検証するために用いた。SUS316L には，次式で算出できるニッケル当量[2]が 27.0%と 25.7%の 2 種類を用いた。SCM435 は 860℃で焼入れ後，630℃と 500℃で焼戻した 2 種類を用いた。

$$\text{Ni 当量} = 12.6\text{C} + 0.35\text{Si} + 1.05\text{Mn} + \text{Ni} + 0.65\text{Cr} + 0.98\text{Mo} \tag{1}$$

引張試験は，通常の引張試験機を用いて最も遅いクロスヘッド速度（＝0.005 mm/min）で行っており，SSRT 試験に相当する。

疲労試験において，一部の試験では，平均応力の影響を調べるために，応力比 R ＝ −1.0 だけでなく −0.5 と 0.0 でも実験を行った。また，本手法の場合，細穴へ注入した高圧ガスにより試験片軸方向応力が増加するため，増加した軸方向応力の影響の有無を調べるために，14.7 MPa の窒素ガスを注入した実験も行った。

表1　試験内容一覧

試験種別	材料種別	A7075 (検証用)	SUS316L Ni当量27.0%	SUS316L Ni当量25.7%	SCM435 (860℃焼入れ) 630℃焼戻し	SCM435 (860℃焼入れ) 500℃焼戻し
引張試験 (SSRT試験に相当)		○	○	○	○	○
	試験環境	大気, 水素	大気, 水素	大気, 水素	大気, 水素	大気, 水素
疲労試験	試験機	導電型	電気油圧サーボ	電気油圧サーボ	電気油圧サーボ	電気油圧サーボ
	周波数 f (Hz)	200	20	20	20	20
	応力比 R	-1.0, -0.5, 0.0	-1.0, -0.5	-1.0, -0.5	-1.0	-1.0
	繰返し数	10^8サイクルまで	10^7サイクルまで	10^7サイクルまで	10^7サイクルまで	10^7サイクルまで
	試験環境	大気, 水素	大気, 水素	大気, 水素	水素, 窒素	大気, 水素, 窒素

※水素と窒素のガス圧力は14.7MPa

4. 実験結果

以下では，紙面の都合により，表1の中の一部の結果のみを紹介する．

4.1 引張試験結果

SUS316L の場合，Ni 当量 27.0％材と 25.7％材で，0.2％耐力 $\sigma_{0.2}$ および引張強さ σ_B に及ぼす水素の影響は殆ど見られなかった．それに対し両材料とも，破断伸びと絞りは水素中で値が低下する傾向にあり，特に，Ni 当量 25.7％材で低下が大きい．絞りに対する傾向を図5(a)，(b) に示す．

SCM435 の場合，630℃焼戻し材と 500℃焼戻し材で，$\sigma_{0.2}$ および σ_B に及ぼす水素の影響は殆ど見られなかった．それに対し両材料とも，破断伸びと絞りは水素中で値が低下する傾向にあり，特に，500℃材で低下が大きい．絞りに対する傾向を図6(a)，(b) に示す．

4.2 疲労試験結果

図7 に，A7075 の疲労試験結果を示す．繰返し数 10^8 サイクル付近の矢印付きプロットは，未破断であることを示す．図中の実線と破線はそれぞれ，大気中と水素中の実験結果を日本材

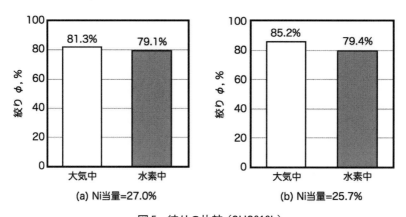

図5　絞りの比較（SUS316L）

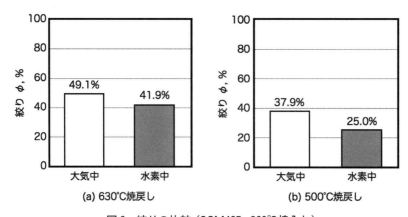

図6　絞りの比較（SCM435，860℃焼入れ）

第3節　内圧式高圧水素ガスを用いた各種金属材料の水素脆化特性評価

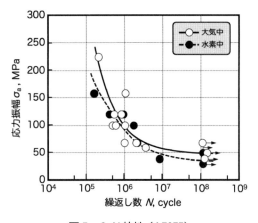

図7　S-N 特性（A7075）

料学会発行の S-N 曲線回帰ソフト[3] を用いて描いた S-N 曲線である。図より，水素中の S-N 曲線は大気中の曲線より，低強度・低寿命側へシフトしていることがわかる。A7075 は一般的に，水素ガスを含め環境の影響を受けやすいといわれているが，本手法でも同様の傾向を得ていることから，本手法の有効性を検証できた。**図8** は，水素中で応力比 R を変えて行った実験の結果である。図のように，R が大きくなるほど疲労強度・疲労寿命ともに低下する。なお，図7と図8に示す R = −1.0 の水素中の結果を比較すると，図7の疲労強度・疲労寿命は図8に示す結果よりも大幅に低いことがわかる。図7は，細穴内面を放電加工のまま研磨を行わずに実施した疲労試験結果であるのに対し，図8は細穴内面を研磨した後に実施した疲労試験結果である。前述の図2のように内面研磨有無により細穴内面の表面粗さは著しく異なり，特に疲労試験の場合は，内面研磨なしで実験を行うと疲労強度・疲労寿命が著しく低くなることの実例であり，本手法を用いて疲労試験を行う場合に注意を要する点である。

図 9(a)～(c) に SUS316L の疲労試験結果を示す。図 9(a),(b) はそれぞれ，Ni 当量 27.0％材と 25.7％材の結果であり，Ni 当量 27.0％材では高応力振幅側で水素中の方が大気中に比べて若干疲労寿命が短くなる傾向があるが疲労限度は水素中でも低くならないのに対し

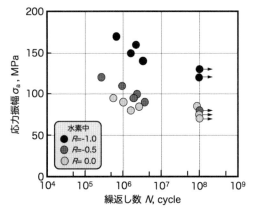

図8　S-N 特性に及ぼす応力比の影響（A7075，水素中）

− 53 −

て，Ni当量25.7％材の場合は図9(b) のように，疲労限度も大きく低下することがわかる。図9(c) はNi当量25.7％材・$R = -0.5$ の実験結果であり，水素中での疲労限度の低下が認められる。

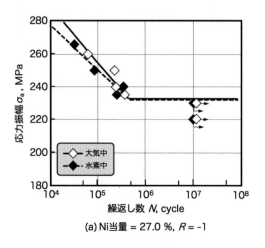

(a) Ni当量 = 27.0 %, $R = -1$

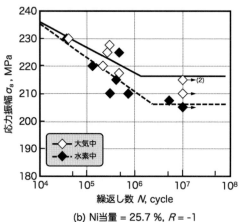

(b) Ni当量 = 25.7 %, $R = -1$

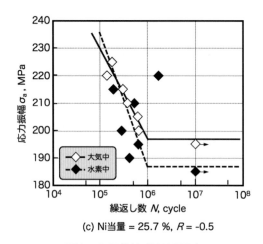

(c) Ni当量 = 25.7 %, $R = -0.5$

図9 S-N 特性（SUS316L）

図10(a), (b) にSCM435の疲労試験結果を示す。図10(a), (b) はそれぞれ，630℃焼戻し材と500℃焼戻し材の結果である。何れの結果も実験点数が多くないためS-N線図は回帰出来ていないが，図10(b) より，500℃焼戻し材の方が630℃焼戻し材よりも水素の影響を受けやすく，疲労寿命，疲労限度ともに低下が顕著である。なお，窒素中での実験結果も示しているが，大気中の結果とほぼ同じであり，細穴内部の内圧によって発生する軸方向応力の影響はないことがわかる。

図11は，図8の$N = 10^7$サイクル時間強度と図9における疲労限度を読み取り描いた疲労限度線図である。横軸に両材料の大気中あるいは水素中における引張強さσ_Bを取り，縦軸上の$R = -1$における疲労限度とを直線で結んだ修正グッドマン線図も実線，破線および一点鎖線で併記している。図11よりA7075の場合(一点鎖線)，$R > -1$の場合の疲労限度低下量は，修正グッドマン線図から推定される値より大きい。それに対してSUS316L (Ni当量25.7%材)の場合（水素中：破線，大気中：実線），この低下量は水素中でも，修正グッドマン線図から推定される値とほぼ同じである。

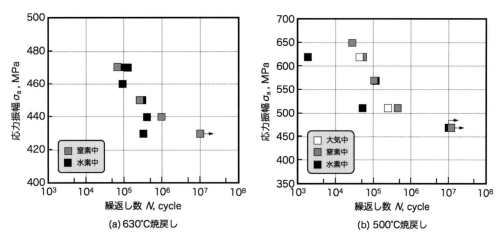

図10 S-N特性（SCM435, 860℃焼入れ）

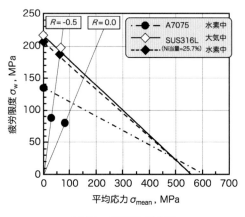

図11 疲労限度線図

4.3 破面観察結果

図12(a), (b) に A7075 の破面全体の SEM 写真の例を示す。両図中の輪郭線は，疲労破面の外周をなぞったものであり，負荷応力振幅 σ_a は 160 MPa で同じであるが，水素中の方が大気中に比べて，最終疲労破面の寸法が小さいことがわかる。図13のように，軸方向に負荷応力 σ が作用する厚肉円筒（円筒外側半径 m，内側半径 l，円筒壁肉厚 h（$= m - l$））の内面から発生した同心円状き裂（き裂長さ a）の応力拡大係数計算式に，き裂内面に内圧 p が作用した場合の応力拡大係数計算式を重ね合わせることにより，本手法により細穴内面から発生する同心円状き裂の応力拡大係数を式(2)によって計算することができる[4]。

$$K_I^A = \overline{K_I^A}(\sigma_{\max} + p)\sqrt{\pi a} \tag{2}$$

ここで，$\sigma_{\max}$：負荷応力，　$\overline{K_I^A}$：補正係数

図12に示した疲労破面輪郭線の細穴内面からの距離の平均値を同心円状き裂の平均き裂長さと見なすことで，疲労破壊じん性値 K_{fc} を計算することができ，A7075 の場合，大気中と水素中における K_{fc} はそれぞれ 11.3 MPa$\sqrt{m}$ と 6.0 MPa$\sqrt{m}$ であり，水素中の値は大気中の値の約半分になっていることがわかる。他の材料でも最終疲労破壊領域の輪郭が明瞭な場合は，この方法を用いて K_{fc} の算出が可能である。

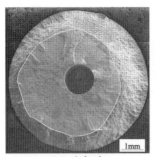
(a) 大気中
(σ_a = 160 MPa, N_f = 8.9×10^5)

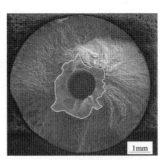
(b) 水素中
(σ_a = 160 MPa, N_f = 2.1×10^6)

※口絵参照

図12　破面全体写真例（A7075）

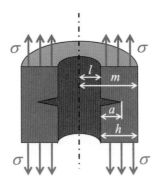

図13　軸荷重を受ける厚肉円筒内側から発生する同心円き裂

疲労破面で明瞭なストライエーションが観察できる場合は，**図14**のようにストライエーションを観察した場所を計測し，疲労き裂は細穴内面から同心円状に進展したと仮定することにより，上述の方法で，疲労き裂の応力拡大係数範囲 ΔK を算出できるので，ストライエーション間隔 s と ΔK を用いて，疲労き裂進展特性を調べることができる。以下に，s-ΔK 関係を調べた例を示す。

図15 は A7075 の s-ΔK 関係である。大気中に比べ水素中の方が同じ ΔK に対する s が大きいことがわかり，A7075 の場合，水素中では大気中に比べて疲労き裂進展が速くなることが推察できる。**図16**(a), (b) はそれぞれ，SUS316L の Ni 当量 27.0%材と 25.7%材の s-ΔK 関係である（R はともに -1.0）。何れの場合も，大気中と水素中の s-ΔK 関係にはほとんど差異がないことがわかる。SUS316L 材を用いた高圧水素ガス中での疲労き裂進展試験の文献値でも大気中と水素中で ΔK-da/dN 特性はほぼ同じ値を示していることから[5]，図16 に示した本手法を用いた結果は妥当と考えられる。

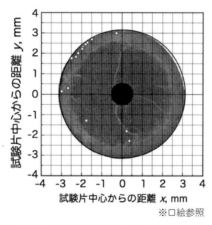

※口絵参照

図14　ストライエーション観察位置

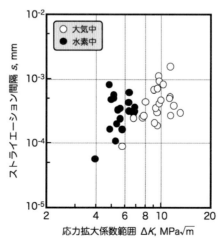

図15　s-ΔK 関係の例（A7075）

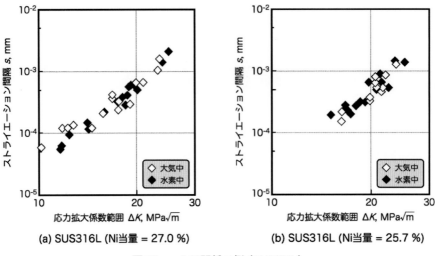

図16　s-ΔK 関係の例（SUS316L）

5. まとめ

　内圧式高圧水素ガス法を用いた各種金属材料の水素ガス中での強度評価結果の概要を紹介した。本格的な高圧水素ガス容器中で得られた実験結果と概ね同じ傾向が得られており，本手法の簡便法としての有効性が検証できた。

文　献

1）緒形俊夫：日本金属学会誌, **72**(2), 125 (2008).
2）平山俊成, 小切間正彦：日本金属学会誌, **34**(5), 507 (1970).
3）日本材料学会編：金属材料疲労信頼性評価標準（S-N 曲線回帰法）(2002).
4）日本材料学会編：Stress Intensity Factors Handbook Vol.1&Vol.2（DVD Version）(2010).
5）井藤賀久岳, 松尾尚, 織田章宏, 松永久生, 松岡三郎：日本機会学会論文集（A編), **79** (808), 1726 (2013).

第2章 水素材料の強度評価技術

第4節 マルチスケール数値解析技術に基づく水素蓄圧容器の構造設計・評価

大阪大学　倉敷　哲生

1. はじめに

　地球温暖化や化石資源枯渇によるエネルギー問題の深刻化を受け，車輌分野では2050年運輸部門のCO_2大幅削減に向けた水素社会構築への取り組みが急務の課題である。我が国でも政府が公表した水素・燃料電池戦略ロードマップ[1]では，水素ステーションを2020年度に160ヵ所，2025年度に320ヵ所程度を普及させ，2020年代後半迄に水素事業の自立化を目指すと明記されている。ダボス会議でも水素エネルギー利用を推進するグローバル協議会が設立され，世界的に水素社会構築への幕開けが位置付けられている。

　一方で，高圧水素を大量・安価に輸送する技術が著しく立ち遅れ，大きな課題となっている。従来の金属製容器による輸送方式に替わり，高強度・軽量性に優れる炭素繊維強化複合材料による輸送が望まれる。しかし，複雑な繊維束の交錯形状に起因するき裂やはく離の誘発により十分な強度が発現できない点が指摘されている。さらに，繊維束形状に加えて母材の特性，含有率など種々の因子が力学的特性評価を困難としており，試行錯誤的な設計・製作となっているのが現状である。これらを補い形態・組織等に起因する複雑なミクロ・メゾ構造が構造物全体（マクロ特性）に及ぼす影響を評価し得る設計・解析手法が確立できれば，精度の高い構造解析・信頼性設計が可能となる。

　そこで本稿では，マルチスケール数値化解析技術に基づく水素蓄圧容器の構造設計・評価に向けて，粒子法に基づく成形時のミクロ構造の樹脂流動解析手法の構築と，マルチスケール解析技術による炭素繊維のメゾ構造の力学的特性評価，ならびに水素蓄圧複合容器の数値モデリングと構造解析等について概説する。

2. 繊維強化複合材料のマルチスケール数値解析技術

　水素蓄圧容器に限らず，繊維強化複合材料を用いた構造物では，繊維束形状に加えて母材の特性，繊維含有率など種々の因子が力学的特性評価を困難としており，試行錯誤的な設計・製作になっているのが現状である。繊維強化複合容器では，繊維の巻き方や，積層構成，繊維含有率など多くの設計因子を有し，これらが容器の強度信頼性に影響する。図1にマルチスケールの観点から整理した繊維強化複合材料製構造物の概略を示す。繊維強化複合材料を用いた構造物を一本一本の繊維のミクロスケール，繊維を束ねたメゾスケール，それらを用いた構造物のマクロスケールの3つに分けて考える。炭素繊維強化複合材料（CFRP）の破壊プロセスはミクロ構造に支配されておりその的確な評価が困難である。そのために，①ミクロ非周期構造の不確定性を考慮した力学的特性評価や，②メゾ構造の数値モデリング，③マクロ構造の応力・損傷，寿命信頼性評価，のマルチスケールの観点から数値解析技術の確立が肝要となる。以降では，これらの解析技術について各々概説する。

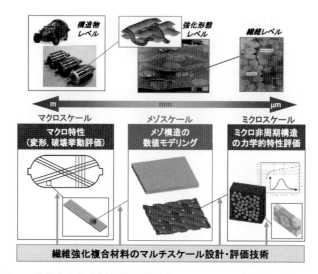

図1 繊維強化複合材料構造物のマルチスケール解析・評価技術

　数値解析援用による構造体設計の高精度化や設計期間の短縮への要求は産学界において高く，こうした意向や最終製品としての構造体のニーズ指向に沿って，ミクロ・メゾ構造とマクロ特性の評価の下に構造体化を検討することは重要である。マルチスケール解析による構造体設計・解析技術の確立により，実証試験・評価に先立ってマルチスケール解析を援用し，設計の最適化を目指すことが重要となる。繊維強化複合材料の形態・組織等に起因する複雑なミクロ・メゾ構造が構造物全体（マクロ特性）に及ぼす影響を評価し，新構造の創成や，試作数の低減，開発期間の短縮に貢献することが期待される。

3. ミクロ非周期構造の樹脂流動・力学的特性評価
3.1 粒子法に基づく成形時のミクロ構造の樹脂流動解析

　繊維強化プラスチック（FRP）を成形する際，樹脂の含浸不良が生じ強度低下を招く。特にミクロ構造では，繊維束周りが樹脂で満たされると，繊維束周りから繊維束内への圧力勾配は小さくなるため，繊維束内への浸透や，繊維束内で発生した気泡の離脱には微視的因子の影響が無視できない。FRP成形時における樹脂および繊維の流動予測として，粒子法に代表される数値流体解析手法は繊維と樹脂を別々にモデル化し，繊維と樹脂，および繊維同士の相互作用について考慮でき繊維流動の追跡も可能である。ここでは，粒子法の一種であるMPS（Moving Particle Semi-implicit）法[2]を用いた樹脂流動解析の例として，長繊維である一方向繊維強化材のミクロスケールでの3次元繊維束内部流動を対象とし，繊維配置が樹脂流動に及ぼす影響の評価事例を示す[3)-5)]。

　まず，繊維束内部を模擬した複数繊維モデルを図2に示す。一方向繊維強化材の繊維束内部での樹脂流動は，樹脂の濡れ性と表面張力による影響が支配的となる。そこで，濡れ性のパラメータ（C_2）の値を変えて，繊維束内部を模擬した複数繊維モデル内の流動状況を評価した結果を図3に示す。濡れ性が高い樹脂（$C_2=8$, Case 2）に比べて濡れ性が低い樹脂（$C_2=2$, Case 1）では繊維周辺部に未含浸部が生成されることが確認できる。なお，未含浸部が確認さ

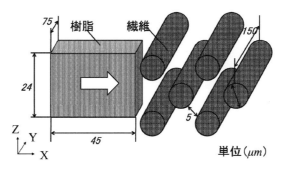

図2 複数繊維モデル

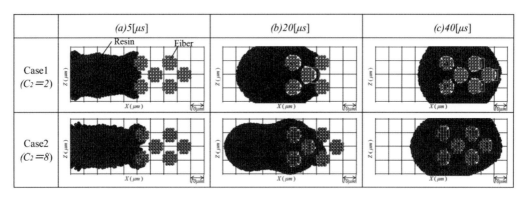

図3 Case 1, 2での樹脂流動

れた図3(b)の樹脂先端部の拡大図を図4に示す。このように，繊維強化複合材料における繊維・樹脂の流動性評価に関して，粒子法に基づく繊維束内部の樹脂流動評価や，樹脂の粘度変化を考慮した流動解析，短繊維・樹脂の流動性評価等の研究が行われている[6)-8)]。

3.2 ミクロ構造の不確定性を考慮した強度評価

FRPを構成する繊維束において，ミクロ構造については一方向繊維強化複合材料（UD材）とみなすことができる。FRPの損傷形態の中でも初期損傷として繊維束内での繊維垂直方向き裂（トランスバースクラック）は重要であり，これを起点として他の損傷が誘発されるため，繊維垂直方向強度の評価が特に重要となる。そこで，繊維束内の繊維のランダム配置を考慮し

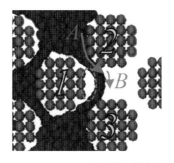

図4 Case 1での局所的な樹脂流動

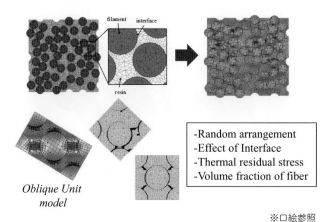

図5 傾斜ユニットモデルによるミクロ強度評価[9)10)]

図5に示すミクロ破壊の評価の研究が進められている[9)10)]。特に，損傷の起点が多数本の中で最も弱いミクロ構造である2本の繊維間の樹脂や界面の損傷が支配的である場合には，最小単位である2本の繊維間の力学的挙動を評価することが重要である。そこで，2本の繊維配置を扱う傾斜ユニットモデルを用いて，従来の規則配置モデルでは困難な繊維配置のランダム性を考慮したUD材の力学的特性の評価が行われている。

4. メゾ構造の数値モデリング

FRPについて，繊維・母材を明確に区別できるスケールをミクロスケール，ミクロスケールから比べると巨視的で繊維束の強化構造が判別できるスケールをメゾスケール，実構造物レベルのスケールをマクロスケールと分類する。図6にFRPをマルチスケールの概念で整理した図を示す。メゾ構造には，繊維配向角や積層構成，基材の組合わせ，繊維含有率といった様々な豊富な設計パラメータが存在する。これらの設計変数を最適に設定することができれば材料の機能発現に有効に作用するが，材料の改良・開発の度に特性評価をしなければならない問題もある。このことは，実スケールでの試験による信頼性評価を行わなければならない航空機や車両では，価格のみならず開発期間の長期化の問題を含んでいる。そこで，コンピュータ援用による設計の自動化や高速化がこれらの課題解決策として考えられる。以下では，FRPのメゾ構造の数値モデリングとして，織り構造を例に幾何学的なモデリング手法とそのシステム化について概説する。なお，この分野に関連する教科書的文献としてはS.V.Lomovが監修した文献[11)]，P.Boisseが監修した文献[12)]などが挙げられ，ご清覧をお薦めする。

織物複合材料や組物複合材料といった構造を持つFRPに関しては様々なモデリング手法が検討されており，例えば，石川，Chouらはボクセル要素を基本としたモザイクモデル[13)]，濱田らは対となるはり要素を中間要素で結合して繊維束を表現したモデル化手法を提案しており[14)]，梁構造モデルと称されている。Whitcombらは，織物複合材料の幾何形状をモデル化した有限要素モデルを作成している[15)]。これは，繊維束の3次元的なうねり形状を正弦曲線や余弦曲線などの近似曲線により，また，繊維束断面をレンズ形状などの任意形状により表現し，有限要素モデリングを行う方法である。

第4節　マルチスケール数値解析技術に基づく水素蓄圧容器の構造設計・評価

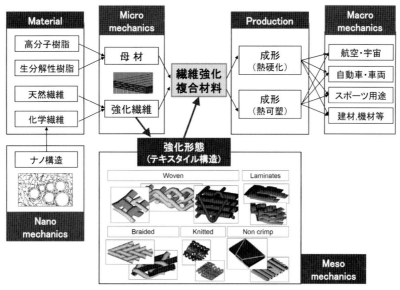

※口絵参照

図6　繊維強化複合材料のメソ構造

　その他のモデリング手法として，X線CT画像を用いた数値モデリングの例が挙げられる[16)17)]。試験片断面のCT画像を複数枚撮像し，これらのCT画像それぞれについて，数ピクセル四方ごとに画像の濃淡を平均化し，モザイク化処理した画像から有限要素モデルを生成するものである。上記以外にも，メッシュフリー法を用いた織り構造のモデリング手法[18)]や，ボクセル要素モデルに基づく3次元織り構造のメッシュ生成手法[19)]，組物複合材料のモデリング[20)]，繊維束間の影響を考慮したモデルの提案[21)22)]や，MATLABを用いた有限要素モデリング手法の研究[23)]など，数値モデリングに関する数多くの研究が精力的になされているのが現状である。

　また，こうしたモデル化に基づく設計支援システム（ソフトウェア）について，A.C.Longら英国Nottingham大学のグループは，織り構造の幾何学的モデリングを可能とするソフトウェアTexGenを開発し公開している[24)25)]。これに基づき，織物複合材料の樹脂含浸率の検討[26)]や，3次元織物などへの適用が報告されている[27)]。S.V.Lomovらベルギー Leuven大学のグループはテキスタイル複合材料のモデリングツールとしてWiseTexを開発している[28)29)]。2D，3D織り構造のみならず，組紐構造，編み構造，NCF（Non crimp fabric）や，これらの積層材のメソ構造としての幾何学的モデルの生成を可能とし，力学的特性や樹脂流動の評価，ミクロ-マクロのマルチスケール解析への応用などを目指している。

　筆者らが取り組んでいる織物複合材料が有する多くの設計因子を対象とした設計支援システムを図7に示す[28)30)]。S.V.Lomovらが開発したWiseTex[28)29)]を導入し，織り構造の幾何学形状モデル作成，有限要素モデル作成や等価物性値算出機能を自動化し，また，等価物性値を用いたマクロ構造の応力解析やマルチスケール連成解析を用いてマクロ構造とミクロ構造の両方の評価への展開が可能である。

　複合材料は局所的に不均質な箇所から破壊が発生することから，それを考慮した解析を行うことが重要となり，マルチスケール解析手法の適用が必要である。ズーミング解析，均質化法，

― 63 ―

第2章 水素材料の強度評価技術

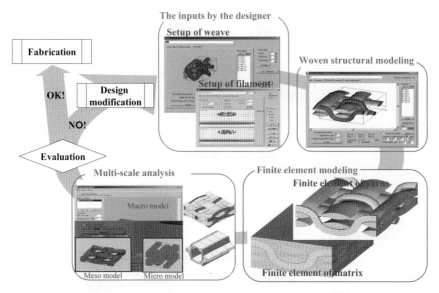

図7 メゾ構造の数値モデリング・解析システム[28)30)]

重合メッシュ法などが代表的な手法であり，応力解析や特性解析，流体解析に用いられている。例えば，等価物性値によりマクロ構造を解析し，ズーミング解析によりミクロ構造の応力，ひずみ等を評価することが可能である。例として種々のメゾ構造に対し応力解析を実施した例を示す。図8に上述のシステムより生成した各織構造の有限要素モデルとX方向の引張解析により得られたX方向の応力分布図および変形図を示す。図9に示すように，単位構造の等価物性値をシステムでは表形式で把握可能となっている。

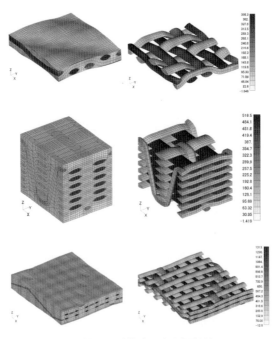

図8 種々メゾ構造の応力解析結果

第4節　マルチスケール数値解析技術に基づく水素蓄圧容器の構造設計・評価

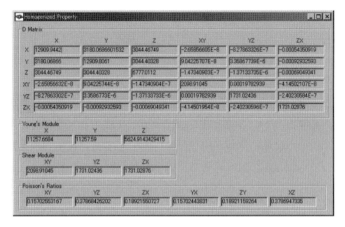

図9　等価物性値

現在，こうしたメゾ構造の形状作成，メッシュ作成，解析までを自動化で行うシステムが伊藤忠テクノソリューションズ㈱より Composites Dream として市販化されている[31]。

5. マクロ構造の応力・損傷・寿命信頼性評価
5.1　Type 4 型蓄圧容器の応力解析

上述までの数値解析技術を基に，マクロ構造の評価として水素蓄圧容器の設計・解析の例を以下に示す。対象とする容器はアルミニウム合金製の口金を有し，樹脂ライナーに CFRP フィラメントワインディング層を有する Type 4 構造である。ライナーと呼ばれる中空容器に，樹脂を含浸させた強化繊維を巻きつけるフィラメントワインディング成形を用いて，中空容器を FRP により補強したもので，従来の金属製容器と比較し，軽量かつ高強度に製作できることが特徴である。試算では，従来のクロムモリブデン鋼製容器に比べて，樹脂ライナーを用いた Type 4 構造の CFRP 製容器では，容器重量 1/3，輸送水素量で約 4 倍が可能であり，複合容器の普及に寄与するものと期待される。

図 10 に示すように，容器全体を補強するヘリカル巻き，周方向の広がりを抑えるフープ巻きの組合わせにより製造される。水素蓄圧容器には繊維の巻き方法（角度，積層数，厚さ）や積層構成，繊維含有率など多くの設計パラメータがあり，これらが容器の強度や寿命信頼性に影響するため，実証評価に先立って数値解析を適用し，設計の最適化を行うことが重要と考える。

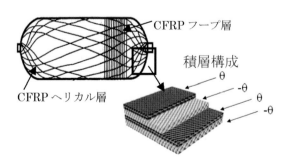

図 10　フィラメントワインディング層

図11に水素蓄圧容器の数値解析例を示す[32]。まず，有限要素モデリングに関して，フィラメントワインディング容器では，ライナーに巻き付けた繊維が均等に張力を受け持った場合に強度が最大となる。そこで，ドーム部で繊維に対して均等に張力が発生する曲面形状を算出し設計に用いている。具体的には，網目理論に基づき，繊維に均等に張力が作用する等張力曲面の算出を行っている。この曲面形状に基づき，図11の左上に示す有限要素モデルを作成している。8節点ソリッド要素を用い，容器を1/8モデルとして表現している。ヘリカル層については，図11左下に示すように曲面形状から子午線方向に対する繊維配向角を算出し，各要素に材料主軸として設定している。図11右上は一例として容器に内圧を作用した際のドーム部表面におけるミーゼス応力分布を示したものである。右下の等方性材モデル（フィラメントワインディング層を考慮しない金属製容器）と比較すると，右上のFW法モデルでは繊維強化により高応力部が低減することが分かる。

5.2 損傷評価

図12に別の形状の水素蓄圧容器の有限要素モデルを作成し，内圧を作用させた際の損傷挙動評価を行った[33)34)]。図12ではフープ層，ヘリカル層の積層構成が異なる2種類の容器を対象としている。損傷の評価について，フープ層，ヘリカル層の各要素は一方向繊維強化複合材料と見なすことができ，一方向繊維強化複合材料は強度の異方性を有し特有の損傷モードを示すことが知られている。筆者らは，繊維支配型損傷と樹脂支配型損傷に分けそれぞれ異方性を考慮した異方損傷モデルを用いて，損傷判定と損傷モードの分類を考慮した損傷挙動解析手法

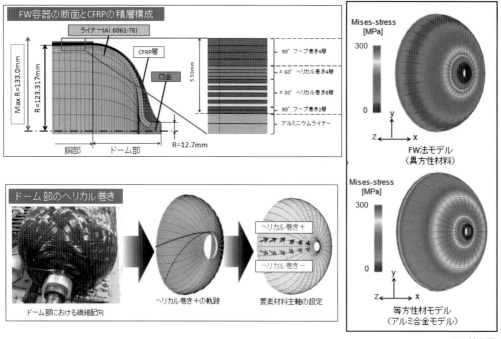

※口絵参照

図11 水素蓄圧容器の有限要素モデルと解析例[32]

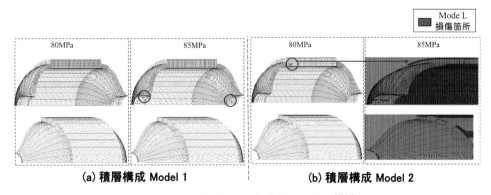

図12　積層構成による損傷挙動の差異[33)34)]

を構築している。図12は70 MPa級水素蓄圧容器に本手法を適用した結果である。Mode Lとは繊維破断発生箇所を示している。図13に内圧を変えた際のMode Lと判定された損傷要素の割合を示す。積層構成によっては損傷挙動に差異が現れることが分かる。

また，70 MPa級水素蓄圧容器に耐圧試験を行った結果を図14に示す。また，同図には数値解析によりMode Lと判定された箇所を示す。実験においては耐圧試験圧力174 MPaにおいて，繊維破断が生じる損傷形態となっている。一方，解析では同等の圧力において繊維破断（Mode L）が耐圧試験と同じ部位において広範に発生している。損傷挙動解析における損傷状態は耐圧試験結果とも良い傾向を示しており，このような数値解析手法が実使用下では評価困難な損傷挙動評価に有用であると考える。

5.3　寿命信頼性評価

水素蓄圧容器には使用状況に応じて水素の充填が繰り返され，容器には繰り返し負荷が作用するため疲労寿命問題への対応が不可欠である。筆者らは，図15に示す疲労限度線図（修正Goodman線図）を用いて寿命信頼性の評価を行っている。まず，上述までの解析手法により水素蓄圧容器に充填圧力が作用した際の解析を実施する。解析によりドーム部や胴体部に発生する応力値を平均応力と応力振幅に分解し，これらの値を設計繰り返し数に対する修正

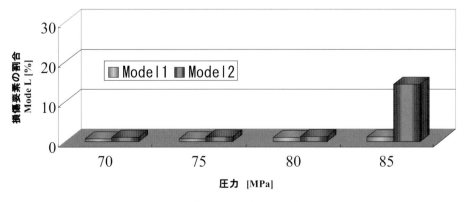

図13　内圧負荷による損傷発生要素数の変化

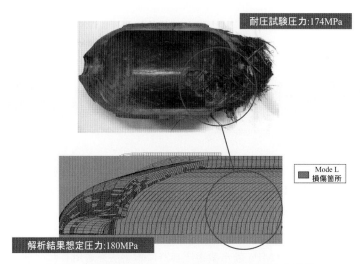

図14 耐圧試験結果および損傷挙動解析結果との比較

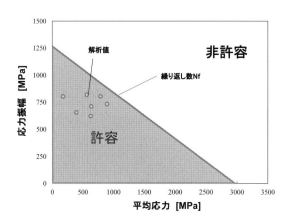

図15 修正Goodman線図による寿命信頼性評価

Goodman 線図に照合する．図に示す許容範囲内であれば，繰り返し数を許容するものとして寿命信頼性を評価することが可能となる．

図16に数値解析結果に基づく寿命信頼性評価の一例を示す[35)36)]．図16(a)に示すように内圧作用時の胴体部ならびにドーム部における最大応力が分かれば，これを平均応力と応力振幅に分解し，修正 Goodman 線図に照合した結果が図16(b)である．この水素蓄圧容器であれば繰り返し数 10^6 回を許容することとなる．実物を用いて疲労試験を行うには長時間を要するため，実証試験に先立って数値解析を援用し，このような手法により寿命信頼性を評価することが重要であると考える．

5.4 設計マップの構築

水素蓄圧容器には繊維の巻き方（角度，積層数，厚さ）や積層構成，繊維含有率など多くの設計パラメータが存在する．これらのパラメータが強度や寿命信頼性に及ぼす影響を数値解析・実証実験の双方の面から評価し，これらをデータとして蓄積しデータベースとして活用す

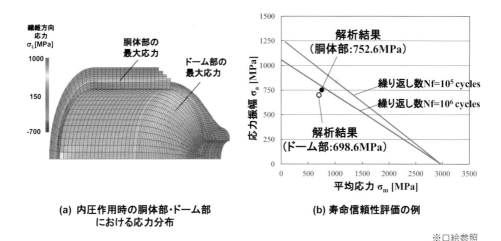

(a) 内圧作用時の胴体部・ドーム部における応力分布   (b) 寿命信頼性評価の例

※口絵参照

図16 寿命信頼性評価の例[35)36)]

ることは，今後の水素蓄圧容器の開発に貢献するものと考える。

筆者らは，フープ層やヘリカル層の層厚による設計許容領域の選定に供するべく，設計マップの構築に取り組んでいる。図17に示すように，フープ層，ヘリカル層の層厚の決定の一助となるべく各層厚に対する強度，寿命に着目し，解析・評価を行った事例を図18に示す。

図18は内圧160 MPaを作用させた際の繊維方向応力分布であり，FRP層のみを表示している。図より，フープ層，ヘリカル層の層厚の違いにより，最大応力を示す箇所に差異が現れる。フープ層が増せばヘリカル層に応力は集中し，逆にヘリカル層が増せばフープ層に応力は

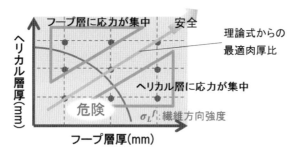

図17 設計マップの概念図

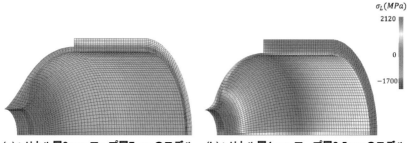

(a) ヘリカル層3mm,フープ層7mmのモデル   (b) ヘリカル層1mm,フープ層8.5mmのモデル

※口絵参照

図18 層厚を変えた場合のFRP層の応力分布[30)]

集中する．理論式により図17に示す最適肉厚比を算出することは可能であるが，理論式には口金部の影響は考慮されておらず，口金部の形状・寸法により最適肉厚比は異なる．したがって，数値解析を援用し，最適肉厚比を検討することが重要となる．

上述までの解析手法により数値解析を行い，その結果を基に設計マップを構築した例を図19に示す．図中の数値は重量を示しており，L字型の曲線は修正Goodman線図を用いた評価により判定した寿命信頼性曲線（疲労寿命 $10^2 \sim 10^6$ 回）を示す．例えば，重量900 g以内で疲労寿命 10^5 以上を満たすスペックを要求された場合，図19よりヘリカル層は2.0 mm以上，フープ層は5.0 mm以上を目安とすればよいこととなる．このように，繊維方向応力，重量，疲労寿命の観点からFRP層厚の許容範囲が把握可能となる．

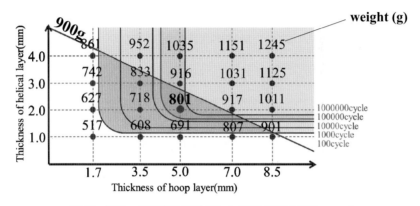

図19 重量・疲労寿命を考慮した FRP 層厚の設計マップ

6. おわりに

マルチスケール数値化解析技術に基づく水素蓄圧容器の構造設計・評価と題し，粒子法に基づく成形時のミクロ構造の樹脂流動解析手法の構築と，マルチスケール解析技術による炭素繊維のメゾ構造の力学的特性評価，ならびに水素蓄圧複合容器の数値モデリングと構造解析等について概説した．こうした技術を基に，水素蓄圧容器の設計・評価手法の高度化や，蓄圧器の耐圧設計，長寿命設計，破裂前漏洩設計に向けて，材料メーカー，金型メーカー，装置機械メーカー，分析評価メーカー等が一体となり，産学連携による技術開発の進展が大いに期待される．

文　献
1）経済産業省：水素・燃料電池戦略ロードマップ改訂版 (2016).
2）越塚誠一：粒子法，丸善 (2005).
3）納富翔太, 倉敷哲生, 宮坂史和, 吉川岳, 松澤周平, 金本拓：粒子法によるFRPミクロ構造の3次元樹脂流動評価, JCCM-5講演論文集, 2C-08 (2014).
4）金本拓, 倉敷哲生, 納富翔太, 宮坂史和, 吉川岳, 松澤周平：粒子法に基づくFRPのメゾスケール構築に向けての樹脂流動評価, 日本繊維機械学会第67回年次大会論文集, D1-11 (2014).
5）寺谷真皓, 向山和孝, 松澤周平, 光藤健太, 宮坂史和, 花木宏修, 倉敷哲生：粒子法に基づく短繊維強化複合材料の繊維および樹脂流動性の評価, JCCM-7講演論文集, 1C-05 (2016).

6) T. Okabe, H. Matsunami, T. Honda and S. Yashiro：Numerical simulation of microscopic flow in a fiber bundle using the moving particle semiimplicit method, *Composites Part A*, **43**, 176-1774 (2012).
7) 松谷浩明, 武田一郎, 橋本雅弘, 平野啓之, 岡部朋永：粒子法を用いた熱可塑性スタンパブルシートの流動シミュレーション, 日本複合材料学会誌, **40**(5), 227-237 (2014).
8) 加藤紘基, 倉敷哲生, 向山和孝, 花木宏修, 李興盛, 光藤健太, 宮坂史和：粒子法に基づく繊維強化複合材料の射出成形解析による局所流動解析, 日本繊維機械学会第71回年次大会論文集, D1-14 (2018).
9) 藤田雄三, 倉敷哲生：繊維配置のランダム性を考慮した一方向繊維強化複合材料の繊維直角方向の力学的特性評価手法に関する研究, 材料, **60**(5), 402-407 (2011).
10) 倉敷哲生, 山塚博翔：繊維配置・径のランダム性を考慮した繊維強化複合材料のミクロ構造評価, 日本材料学会学術講演会講演論文集, **62**, 221-222 (2013).
11) S.V.Lomov：Non-crimp fabric composites: manufacturing, properties and applications, Woodhead Publishing (2011).
12) P.Boisse：Composite Reinforcements for Optimum Performance, Woodhead Publishing, (2011).
13) T. Ishikawa and T. W. Chou：One-Dimensional Micromechanical Analysis of Woven Fabric Composites, *AIAA Journal*, **21**(12), 1714-1721 (1983).
14) A. Fujita, H. Hamada, Z. Maekawa, E. Ohno and A. Yokoyama：Mechanical Properties of Textile Composites (2nd Report, Woven Fabric Composite), *Journal of Japanese Society of Mechanical Engineering Part A*, **60**(579), 2485-2491 (1994).
15) X.Tang and J.D.Whitcomb：Progressive Failure Behaviors of 2D Woven Composites, *Journal of Composite Materials*, **37**(14), 1239-1259 (2003).
16) S. Jacques, I. De Baere and W. Van Paepegem：Application of periodic boundary conditions on multiple part finite element meshes for the meso-scale homogenization of textile fabric composites, *Composites Science and Technology*, **92**, 41-54 (2014).
17) P. Romelt and P.R. Cunningham：A multi-scale finite element approach for modelling damage progression in woven composite structures, *Composite Structures*, **94**, 977-986 (2012).
18) L.Y. Li, P.H. Wen and M.H. Aliabadi：Mesh free modeling and homogenization of 3D orthogonal woven composites, *Composites Science and Technology*, **71**, 1777-1788 (2011).
19) E. Potter, S.T. Pinho, P. Robinson, L. Iannucci and A.J. McMillan：Mesh generation and geometrical modelling of 3D woven composites with variable tow cross-sections, *Computational Materials Science*, **51**, 103-111 (2012).
20) C. Zhang, W. K. Binienda, R. K. Goldberg and L. W. Kohlman：Meso-scale failure modeling of single layer triaxial braided composite using finite element method, *Composite Part A*, **58**, 36-46 (2014).
21) G. Grail, M. Hirsekorn, A. Wendling, G. Hivet and R. Hambli：Consistent Finite Element mesh generation for meso-scale modeling of textile composites with preformed and compacted reinforcements, *Composite Part A*, **55**, 143-151 (2013).
22) S. Gatouillat, A. Bareggi, E. Vidal-Salle and P. Boisse：Meso modelling for composite preform shaping － Simulation of the loss of cohesion of the woven fibre network, *Composite Part A*, **54**, 135-144 (2013).
23) A. Drach, B. Drach and I. Tsukrov：Processing of fiber architecture data for finite element modeling of 3D woven composites, *Advances in Engineering Software*, **72**, 18-27 (2014).
24) A. C. Long and L. P. Brown：Modelling the geometry of textile reinforcements for composites: TexGen. *Composite reinforcements for optimum performance.*, Woodhead Publishing, 239-64 (2011).
25) TexGen (Version 3.10.0), University of Nottingham (2017). http://texgen.sourceforge.net.
26) X. Zeng, L. P. Brown, A. Endruweit, M. Matveev and A. C. Long：Geometrical modelling of 3D woven reinforcements for polymer composites: Prediction of fabric permeability and composite mechanical properties, *Composite Part A*, **56**, 150-160 (2014).
27) S.D. Green, M.Y. Matveev, A.C. Long, D. Ivanov and S.R. Hallett：Mechanical modelling of 3D woven composites considering realistic unit cell geometry, *Composite Structures*, **118**, 284-

293 (2014).
28) S.V.Lomov, D.S.Ivanov, I.Verpoest, M.Zako, T.Kurashiki and H. Nakai et al.：Meso-FE modelling of textile composites: Road map, data flow and algorithms, *Compos Sci Technol*, **67**(9), 1870-91 (2007).
29) I.Verpoest and S.V.Lomov：Virtual textile composites software WiseTex: integration with micro-mechanical, permeability and structural analysis, *Compos Sci Technol*, **65**(15-16), 2563-74 (2005).
30) 今奥亜希, 廣澤覚, 倉敷哲生, 中西康雅, 花木宏修, 向山和孝：3次元織物複合材料の有限要素モデリング手法の構築と力学的特性評価, スマートプロセス学会誌, **5**(1), 39-45 (2016).
31) 伊藤忠テクノソリューションズ, Composites Dream (2018).
http://www.engineering-eye.com/COMPOSITES_DREAM
32) 倉敷哲生 他3名：CFRP製FW容器の損傷進展解析に関する研究, 日本機械学会 M&M材料力学カンファレンス (2010).
33) 座古勝, 倉敷哲生, 中井啓晶, 坂田佳崇：異方性材料の強度分布を考慮したCFRP製高圧容器の信頼性評価手法に関する研究, 日本学術会議 構造物の安全性および信頼性（JCOSSAR2007論文集）, **6**, 131-136 (2007).
34) Y. Sakata, M. Zako, T. Kurashiki and H. Nakai：A Numerical Reliability Design Method of Winding Vessels based on Damage Mechanics, Proc. of 16th International Conference of Composite Materials (ICCM-16), TuIM1-08, 1-6, Kyoto (2007).
35) 井村亮哉, 李興盛, 向山和孝, 花木宏修, 倉敷哲生：Type 4 高圧容器の口金構造がCFRP強化層に及ぼす影響の評価, 日本繊維機械学会年次大会論文集, D2-07 (2015).
36) 内田茉里, 李興盛, 向山和孝, 花木宏修, 倉敷哲生：FRP製水素蓄圧容器のヘリカル/フープ層が力学的挙動に及ぼす影響, 日本繊維機械学会年次大会論文集, D1-09 (2018).

第3章

水素ステーションの安全対策

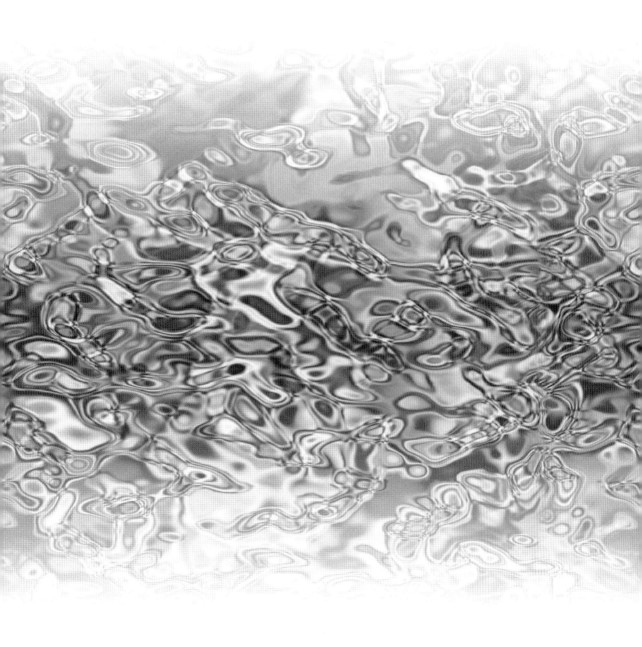

第3章 水素ステーションの安全対策

第1節 水素製造装置の安全性

大日機械工業株式会社　今　　　肇　　大日機械工業株式会社　直井　登貴夫　　大日機械工業株式会社　鳥巣　秀幸

1. はじめに

　2018年3月31日の時点で燃料電池自動車（FCV）は2,459台，商用水素ステーションは92か所まで普及したが，更なる普及拡大に向けて2018年3月に自動車およびインフラ事業関連大手11社が「日本水素ステーションネットワーク合同会社」（Japan H2 Mobility：JHyM/ジェイハイム）を設立した。ジェイハイムの事業計画では水素・燃料電池戦略協議会の「水素・燃料電池ロードマップ」を踏まえて事業期間を10年と想定し，第1期としては2021年度までの4年間で80ヵ所の水素ステーション整備を目標とし，その後もさらなる拡張を図るとしている[1]。

　水素ステーションを本格的に普及させるための課題としては，ステーションを構成する水素製造装置，水素圧縮機，蓄圧器，プレクーラー及びディスペンサーなどの設備コストを従来の二分の一以下まで低減することが不可欠であり，産学官でコスト低減に取り組んでいる。

　一般的に，コスト低減をめざす場合には設備の信頼性・安全性が削減されやすいが，水素ステーションにおいては水素を取り扱うために削減することができない。

　本稿では筆者らがNEDOプロジェクトで開発したオンサイト型低コスト水素ステーション用水素製造装置の低コスト化と安全性について解説する。

2. 水素ステーション用水素製造装置

　水素ステーションにはオフサイト型水素ステーションとオンサイト型水素ステーションがあり，オフサイト型水素ステーションの水素は工場等で作られた水素をカードルやトレーラーでステーションまで輸送しFCVに供給する。一方オンサイト型水素ステーションの水素はステーションに設置した水素製造装置で直接水素を製造してFCVに供給する。オフサイト型水素ステーションでは，ステーションに水素製造装置を必要としないためにステーションの建設コストをオンサイト型に比較して抑えることができるが，水素の輸送コストが水素の単価に上乗せされる。

　水素を輸送することなくステーション内で直接製造できるオンサイト型水素ステーションでは水素製造装置のコストを5千万円以下にすることを目標に開発が進められている。

3. オンサイト型水素ステーション用水素製造装置のコスト低減と安全性
3.1　水素製造装置のコスト低減
3.1.1　従来型水素製造装置

　従来から採用されてきた水素製造装置では水蒸気改質器，PSA装置（Pressure Swing Adsorption）の他，原料ガス昇圧機，ガス冷却器，調圧槽，フィードガス加熱器，原料加熱器，

改質器熱交換器，改質器用燃焼器，脱硫機，純水加熱器，CO転化器，ボイラー，凝縮器，純水予熱器，凝縮水分離槽およびオフガスタンクなど20数基で構成されており，装置の大型化，配管および配線等の複雑化から従来の二分の一以下までコストダウンするには限界があった。

図1に従来のオンサイト型水素ステーションで採用されている水素製造装置の概略システムフロー（代表例）を示す。

筆者らは，オンサイト型水素ステーション用水素製造装置の低コスト化を目的に，図1に示した「従来の水素製造装置の概略システムフロー（代表例）」のアミ部分を一体化した複合型改質器に置き換えることで，設備全体の構成機器の点数削減，装置の小型化，配管および配線等の簡素化を可能にし，低価格でコンパクトなオンサイト型水素ステーション用低価格水素製造装置を開発した。

3.1.2 複合型改質器

複合型改質器は水蒸気改質器，CO転化器，及び蒸気発生器を高度に集積一体化させた構造を有している。複合型改質器の構造を，図2「複合型改質器の概略図」に示す。

複合型改質器の内部に配置した予備改質反応用触媒層，改質反応用触媒層で水蒸気改質反応を行わせ，高温シフト反応用触媒層，低温シフト反応用触媒層ではCOシフト反応を同時に行わせている。水蒸気改質反応に必要なスーパーヒートさせた水蒸気は改質反応に使われた燃焼器の排熱を利用して製造する。

3.1.3 複合型改質器を採用した水素製造装置

複合型改質器を水素製造装置に採用した概略システムフローを図3に示す。このシステムにすることで装置を構成する機器類は，原料ガス昇圧機，脱硫器，燃焼空気ブロアー，空気加熱器，純水供給ポンプ，複合型改質器，純水予熱・加熱器，凝縮水分離槽，PSA装置およびオフガスタンクの10基まで大幅に削減でき，装置コストを従来装置の二分の一まで低減するこ

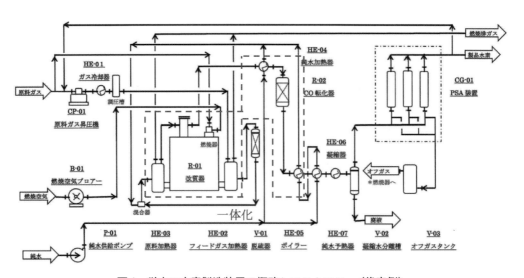

図1　従来の水素製造装置の概略システムフロー（代表例）

第1節 水素製造装置の安全性

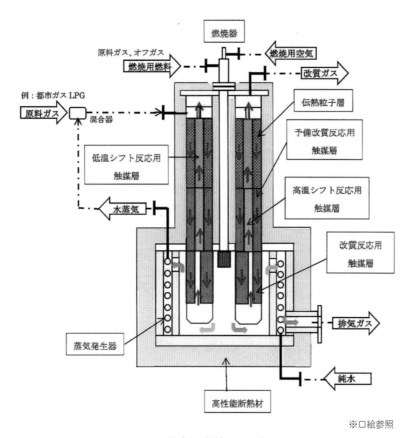

図2 複合型改質器の概略図

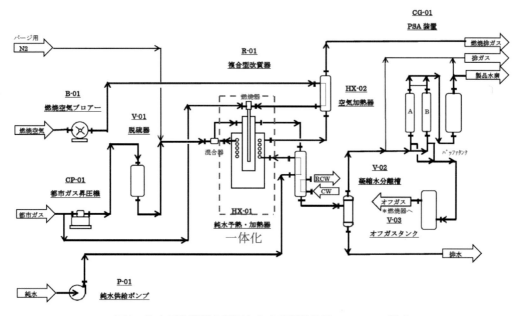

図3 複合型改質器を採用した水素製造装置のシステム構成

とが可能になった。

図4にNEDOプロジェクトで製作した複合型改質器を搭載した水素製造装置（水素製造量 $100\,\mathrm{Nm^3/h}$）の全体写真を示す。水素ステーションに設置する場合には装置をパッケージに収納して設置する。

3.2 水素製造装置の安全性

水素製造装置では都市ガスやLPガスなどの炭化水素を原料として，複合型改質器の内部では水蒸気改質反応とCOシフト反応が行われている。水蒸気改質部では式(1)の水蒸気改質反応によりH_2とCOに改質され，COを含む改質ガスは高温および低温シフト反応用触媒層を通過する際，式(2)のCOシフト反応によりH_2とCO_2が生成される。水蒸気改質反応とCOシフト反応で生成されたCOとH_2の一部が式(3)のメタネーション反応で消費されるが，これらの反応が複合型改質器の改質反応管内で同時に行われている。水蒸気改質反応，COシフト反応およびメタネーション反応は式(1), (2)及び(3)により示される[3]。

$$CnHm + nH_2O \rightarrow nCO + (m/2+n)H_2 \tag{1}$$

$$CO + H_2O \longleftrightarrow H_2 + CO_2 \tag{2}$$

※口絵参照

図4 複合型改質器を搭載した水素製造装置[2]

$$CO + 3H_2 \longleftrightarrow CH_4 + H_2O \tag{3}$$

　上記のように水素製造装置の改質器には可燃性の都市ガスやLPガスなどを供給し，改質ガスを製造している。製造された改質ガス中には燃焼速度が極めて早いH_2が大量に含まれており，またCH_4や有毒なCOが含まれているためにこれらに対する安全対策は極めて重要である。

3.3 水素ステーションの安全対策
　水素ステーションの装置全体では「水素を漏らさない」「漏れたら早期に検知し，拡大を防ぐ」「水素が漏れても溜まらない」「漏れた水素に火がつかない」および「万が一，火災等が起こっても周囲に影響を及ぼさない」などの安全対策が講じられている。

3.4 水素製造装置の安全対策
3.4.1 構造面での安全対策
　水素製造装置は耐震設計を行い，水素製造装置全体を鋼鉄製ケーシングでパッケージ化することで構造面での安全対策を講じている。

3.4.2 ガス漏れに対する安全対策
　ガス漏れ時の安全対策は極めて重要であり，パッケージの内部でガス漏れを素早く検知できる場所にガス検知器を設置し，万が一ガスが漏れた場合には装置を緊急停止させる処置を講じている。
　またパッケージには換気設備を設け，ガス漏れが発生しても装置の内部を常時換気することでパッケージ内にガスが滞留しないように対策が講じられている。

3.4.3 起動条件での安全対策
　装置を運転させる際，事前に起動可能な条件を決めておき起動条件が整わなければ運転ができないようにすることで運転上での安全対策を講じている。具体的には圧力，温度，液位，地震およびガス漏れが正常で有ることを起動条件としている。起動条件の詳細を下記に示す。
　　圧　力：原料ガス供給圧力・純水供給圧力・計装AIR供給圧力・パージ用N2圧力・冷
　　　　　　却供給圧力・装置内各部圧力
　　温　度：改質反応管温度・装置内各部温度
　　液　位：凝縮水分離槽液位
　　地　震：地震検知器
　　ガス漏れ：ガス検知器

3.4.4 インターロック上での安全対策
　装置の運転を行う制御系にはインターロックを組み込むことで安全対策を講じている。インターロックは「軽故障」と「重故障」に分類し，軽故障では警報ランプを点灯させブザーを動

作させることで事前に異常を発見できるようにしている。また重故障に該当する異常が発生した場合には，警報ランプを点灯させ，ブザーを動作させると同時に装置を自動で安全に停止させる動作が組み込まれている。インターロックの条件及び軽故障，重故障時の動作の1例を**表1，表2**に示す。

	表1　軽故障		表2　重故障
軽故障条件	原料ガス供給圧力異常（L）	重故障条件	地震・ガス漏れ
	純水供給圧力以上（L）		改質反応管温度異常（HH）
	計装AIR供給異常（L）		装置内各部温度異常（HH）
	パージ用N2供給圧力異常（L）		装置内各部圧力異常（HH）
	冷却水供給圧力異常（L）		失火検知
	装置内各部圧力異常（L, H）		緊急停止SW（ON）
	装置内各部温度異常（L, H）	重故障動作	警報ランプ点灯（重故障）
	凝縮水分離槽液位異常（L, H）		警報ブザー動作
軽故障動作	警報ランプ点灯（軽故障）		原料ガス供給停止
	警報ブザー動作		原料ガス昇圧機停止
			改質器燃焼停止
			純水供給ポンプ停止
			緊急遮断弁（閉）
			N2パージ弁（開）→装置内パージ

4. おわりに

　水素製造装置は水素を製造する小さなプラントと言っても過言ではない。筆者らがNEDOプロジェクトで開発した低価格水素製造装置では機器類の構成点数を削減することによって装置の小型化，配管および配線等の簡素化を可能にした。このことはガス漏れが発生する恐れがある接合個所を大幅に削減したことになり安全性を向上させている。

　今後も十分な安全性と信頼性を兼ね備えた低コストで小型な水素製造装置の開発に取り組んでいく予定である。

文　献

1) 池田哲史：国内におけるFCV用水素インフラの整備とHySUTの取り組みについて, 平成30年度HESS総会特別講演会（第156回定例研究会），予稿集（2018）．
2) 大日機械工業：オンサイト型水素ステーション用低価格水素製造装置の開発，水素利用研究開発事業，平成29年度NEDO成果報告会（2017）．
3) 五十嵐哲：水素の製造と利用に関する最近の話題，水素エネルギーシステム, **25**, 2 (2000).

第3章 水素ステーションの安全対策

第2節 鋼製水素蓄圧器の開発と安全性評価

株式会社日本製鋼所　荒島　裕信

1. はじめに

　水素ステーションで使用されている，もしくは使用される可能性のある蓄圧器には金属製の蓄圧器（タイプ1），金属蓄圧器の胴部をCFRP（Carbon Fiber Reinforced Plastic）のフープ巻きで補強した蓄圧器（タイプ2），金属（主にアルミニウム合金）ライナーの全面をCFRPで補強した蓄圧器（タイプ3），プラスチックライナーの全面をCFRPで補強した蓄圧器（タイプ4）がある。これら蓄圧器は，可燃性ガスである水素を82 MPa もの高圧かつ大量に貯める容器であるため，高い安全性が求められている。蓄圧器は，タイプにより重量や耐久性などの面でそれぞれ特徴が異なっており，目的にあったタイプが選択され使われることになる。本稿では，水素ステーションで使用されるタイプ1蓄圧器のうち鋼製蓄圧器について，その特徴と安全性確保に必要な設計及び製造時における技術的ポイント，供用中の安全性確保に有効な考え方について述べる。

2. 鋼製水素蓄圧器の特徴

　鋼製蓄圧器は50年以上も前から圧力容器としての設計規格が確立しており[1]，現在までに設計，製造，検査などの各分野の技術革新に合わせて逐次見直されている。従い，CFRPで強化するタイプの圧力容器と違い，試験体を用いた設計確認試験を必要とせず，設計時の解析や製造時の試験・検査により安全性を担保し，供用中の非破壊検査により健全性の確認が可能である。また，設計・製造技術が確立されていることからサイズや容量などに対する自由度が高く，任意の長さや容量で設計し，製造することが可能である。図1に国立研究開発法人新エネルギー・産業技術総合開発機構（NEDO）の事業において実証水素ステーションに設置した容量450 Lの鋼製蓄圧器を示す[2]。この蓄圧器は水素ステーションで使用されている一般的な容量300 Lの蓄圧器に比べ1.5倍の容量を有するが長さは約半分であり，設置スペースを小さく

図1　実証水素ステーション用に製作した450 Lの鋼製蓄圧器

できる蓄圧器であり，設計の自由度の高さが伺える。NEDO事業やJHFCプロジェクトの実証試験[3]において水素ステーションで使用された鋼製蓄圧器は，使用後に解体調査[2]を行うなど，安全性と信頼性の向上に向けた取り組みが行われてきた。図2に尼崎に建設された国内初の商用水素ステーションとそこに設置された鋼製水素蓄圧器を，表1にその設計条件を示す。鋼製水素蓄圧器は，2013年の商用水素ステーション建設開始時に設計・製造技術が確立していたことから，他のタイプに先駆けて商用水素ステーションでの使用が開始された。

3. 鋼製水素蓄圧器の材料

金属材料に対する高圧水素ガスの影響の大きさは，材料の結晶構造や組織，強度などにより異なる。一般高圧ガス保安規則の例示基準では，40 MPa以下の蓄圧器であればSCM435の使用は認められているが，82 MPa級蓄圧器に使用できる材料としては，ニッケル当量の規定されたSUS316やSUS316Lなど環境中の水素の影響を受けにくい材料に限られ基準化されている。しかし，これらの材料は高価で引張強さも小さいことから，高い圧力を保持する容量の大

写真提供：岩谷産業株式会社

図2 国内初の商用水素ステーションと設置されている鋼製水素蓄圧器

表1 国内初の商用水素ステーションに設置された鋼製水素蓄圧器の設計条件

設計圧力	(MPa)	99
設計温度	(℃)	-15～+70
運転圧力	(MPa)	82
耐圧試験圧力	(MPa)	148.5
気密試験圧力	(MPa)	99
使用流体		可燃性ガス（水素ガス）
外径，長さ	(mm)	φ480×5,060
容量	(m³)	0.305

きな蓄圧器として設計した場合，肉厚は数百ミリメートルもの極厚容器となり，重量が大きくなるとともに製造コストもかなり高くなる。そのため，水素ステーション用蓄圧器には構造用材料として一般的に使用されている高強度低合金鋼を用いることが，コストや重量の面から現実的である。しかし，高強度低合金鋼は環境中の水素の影響を受ける材料[4)5)]であるため，高圧水素ガス中における材料の各種安全性評価を実施し，材料に対する高圧水素の影響を正確に把握した上で，設計・製造に反映させることが安全性確保に重要である。

4. 材料に対する水素の影響評価

高強度低合金鋼の高圧水素ガスによる影響を表している特長的な写真を図3に示す[6)]。写真は高強度低合金鋼の1つである JIS SCM440 を大気中及び 45 MPa の室温高圧水素ガス中で引張試験した後の破断部外観写真である。大気中で引張試験を行ったものは十分な絞りを示したあとに破断しているのに対し，水素ガス中で引張試験を行ったものは殆ど絞りを示さず破断面も平坦な様相を呈しており，塑性変形を生じて破壊するという金属材料の特徴の一つである延性が小さくなっていることがわかる。高強度低合金鋼の高圧水素ガス中における影響は，塑性変形と密接に関係していることが知られており[7)8)]，引張試験における降伏応力を超えた後の塑性変形領域，疲労試験における有限寿命領域，疲労き裂進展試験におけるき裂進展領域で顕著に現れる[9)]。

図4に JIS SNCM439 の低ひずみ速度引張（SSRT）試験結果を示す[10)]。点線が大気中で引張試験を行った結果，実線が水素ガス中で引張試験を行った結果である。大気中に比べ水素ガス中における破断伸びは小さくなるが，その程度は引張強さが大きくなるに伴い増大し，高強度材ほど水素による影響をより大きく受け早期に破断していることがわかる。また，図5に市販されている JIS SNCM439 鋼を用いた SSRT 試験結果を示す。引張強さの等しい同一規格材であっても，水素ガス中の試験で最高荷重点を越えた後に破断するものと，最高荷重点に到達する前に破断し大気中で示される引張強さを確保できないものが存在しており，これらの違いが出た要因として，介在物の量や大きさが影響しているものと考えられている[11)]。材料の水素による感受性は，引張強さや介在物の影響以外にも，不純物や組織，析出物等の影響も受け

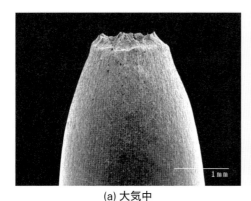 

(a) 大気中　　　　　　　　　　　(b) 室温高圧水素ガス中

図3　大気中及び室温高圧水素ガス中で引張試験を行った試験片の比較

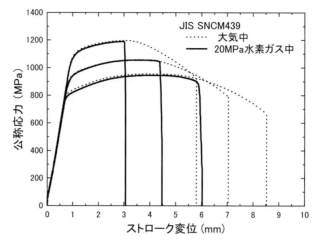

図4 大気中及び室温高圧水素ガス中の応力－ストローク変位線図

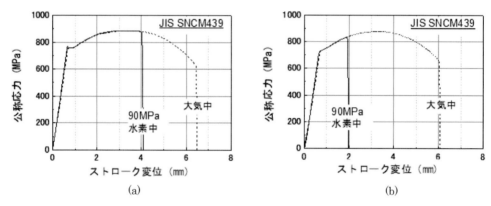

図5 市販材における大気中及び室温高圧水素ガス中の応力-ストローク変位線図

るため[12]，鋼製水素蓄圧器に使用する材料は規格を満たすだけの材料ではなく，水素に対する感受性を軽減させた材料製造や材料選定が必要となる。

図6に大気中と水素ガス中の疲労試験の結果を示す。応力振幅が大きなほど水素ガス中における繰返し回数は大きく減少し，応力振幅が小さくなるにつれ水素の影響は小さくなり破断繰返し回数は大気中の結果に近づき，疲労限度領域では水素中と大気中でほぼ同等の値となり水素の影響はほとんど認められないことが知られている[13]。しかし，表面粗さや表面の加工変質層の影響により，応力振幅の小さな領域においても水素の影響を大きく受けることが報告されており[14)15]，水素と接触する材料の表面状態には十分な注意を払うことが必要である。

図7に疲労き裂進展速度の試験結果を示す。図の横軸はき裂先端付近の応力分布の強さを表す応力拡大係数の最大値，縦軸は疲労き裂進展速度を示している。水素ガス中における疲労き裂進展速度は大気中に比べ大きな値となっており，最大応力拡大係数（K_{max}）が小さな領域では高圧水素ガス中の疲労き裂進展速度は大気中の疲労き裂進展速度に近づき，逆に最大応力拡大係数（K_{max}）がある値を超えた領域では疲労き裂進展速度は加速する傾向を示している。宮本らの報告によると，定常の疲労き裂進展領域において，水素ガス中の疲労き裂進展速度は大

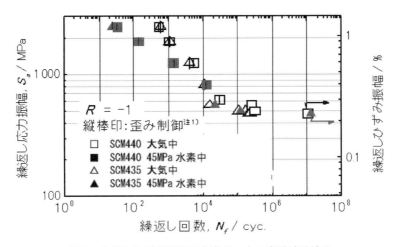

図6　大気中及び室温高圧水素ガス中の疲労試験結果

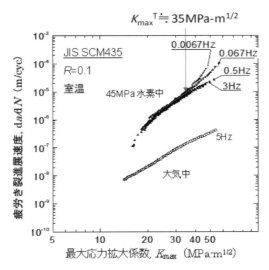

図7　大気中及び室温水素ガス中の疲労き裂進展試験結果

気中に比べ40 MPa水素ガス中で約25倍，90 MPa水素ガス中で約34倍加速することが示されている[16]。

100 MPa級の高圧水素ガス中における材料特性に関して現段階で十分なデータが存在しているとは言えないが，NEDO事業等で材料評価が精力的に行われており[17)-19)]，高強度低合金鋼の水素ガス中における各種安全性評価試験データも揃いつつある。

5. 鋼製水素蓄圧器の設計

水素ステーション用蓄圧器の設計においては，高い圧力を保持するための通常の圧力容器の安全性評価に加え水素の影響に対する考慮が必要である。耐圧強度に対しては，圧力容器の設計における強度基準式が降伏強さや引張強さに基づいていることから，水素ガス中で降伏強さや引張強さが低下しない鋼材でなければ，水素ガス中の使用において必要な設計強度が確保で

きないことになる。そのため，適切な強度に調整することや介在物や不純物等の少ない適切な材料を選定し，図5(b)で示すような水素ガス中で引張強さが低下する材料を使わないことが必須であり，水素脆化感受性の高い材料は水素ステーション用蓄圧器への適用を避けるべきである。また，破壊圧に対する安全性の観点からは，単に水素ガス中における引張強さの数値だけの確保でなく，最大荷重点を超過することを示す一様伸びが確保されていることも重要である。

　一般的な圧力容器の設計では，詳細な解析を不要としているものや疲労き裂進展解析を要求するものなど，適用する圧力容器規格により必要とされる評価項目は異なるが，高い圧力を保持する水素ステーション用蓄圧器に関しては，運転条件を考慮した繰返し使用に対する評価も重要である。鋼製蓄圧器に使用されている高強度低合金鋼の疲労破壊に対する水素の影響は，応力振幅の大きな有限寿命領域において認められているが，その繰返し回数の低下率については現段階で十分なデータが存在していない。そのため，蓄圧器の応力解析を行い，安全率を考慮した上で，水素と接触する全ての部位を，水素の影響を無視できる疲労限度以下の応力振幅に抑えることが必要である。また，疲労き裂進展速度が大気中に比べ水素中で大きくなる高強度低合金鋼を用いた鋼製水素蓄圧器においては，疲労き裂進展寿命の考え方を取り入れた安全性評価を行うことが保安の確保において特に重要である。図8に疲労き裂進展の模式図を示す。疲労き裂進展解析による寿命評価では，非破壊検査で検出可能な寸法の欠陥が存在していると仮定した評価が行われる。仮定したき裂が水素ガス中で進展し，準安定的な進展（Sub-critical flaw growth）が開始される打切り点に対し安全率を考慮した値が疲労き裂進展寿命として求められる。そのため，容器の破壊に対しては十分な安全率を考慮した回数が疲労き裂進展寿命として求められることになる。

　図9に小型円筒形試験体の内表面に人工的に初期き裂を導入し，水素ガス中の疲労試験によりき裂を進展させ，水素ガス中における疲労き裂進展の状況を観察した結果を示す。き裂が安

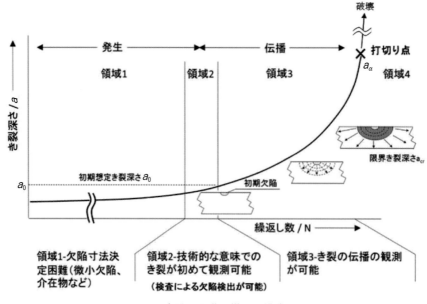

図8　疲労き裂進展挙動の模式図

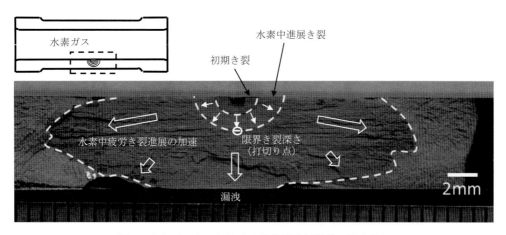

図9 水素ガス中における疲労き裂進展挙動の観察結果

定的に半楕円形状で進展する終了位置が打切り点であり，打切り点を越えた後は容器長手方向にき裂が準安定的に大きく進展し，最終的には容器から水素が漏洩するリーク破壊となっていることが，容器試験でも示されている[20)21)]。

このように，鋼の諸特性に及ぼす水素の影響を正確に把握しその耐性に応じた条件を考慮した上で設計，製造することで，鋼製水素蓄圧器の安全性を満足することができる。

6. 鋼製水素蓄圧器の製造

鋼製蓄圧器の製造においては，鋼塊溶製から熱処理までの素材製造では組織や強度，結晶粒度等をコントロールし水素ガス中であっても大気中と同等の引張強さを確保して設計時に使用した材料特性が得られること，機械加工では要求される表面仕上げ状態となるように加工方法や加工条件を適切に選定すること，非破壊検査では欠陥などに対し適切な合格基準を設けて合格基準内で製造されていることを適切な方法で確認するなど，各工程において水素脆性の影響を受けない，もしくは影響を低減させるための種々の対策が必要である。

図10に表面の切削加工の跡からき裂が発生し早期に破断した試験片の写真を示す[14)]。表面の切削加工痕からき裂が発生し破断に至っており，材料本来の水素中特性が得られていない。蓄圧器の製造においては，水素ガスと接する表面を適切な仕上げ状態にしなければ，本来の水素中の材料特性が発揮される前に水素の影響を受け，設計寿命を満足できない製品となる。

非破壊検査の方法としては，超音波探傷試験（UT），浸透探傷試験（PT），磁粉探傷試験（MT），渦流探傷試験（ET）などがあり，検出したい欠陥の種類やサイズ等を考慮し，最適な方法を選択しなければならない。図11に接ガス部表面の欠陥に対する検査の一例として，微小な表面欠陥及び表面近傍の欠陥が検出可能なMTを蓄圧器内面に適用している様子を示す。水素中き裂進展速度の大きな高強度低合金鋼を用いた鋼製水素蓄圧器の場合，水素ガスと接する部分の検査精度が製品の安全性を担保する上で非常に重要である。

第3章 水素ステーションの安全対策

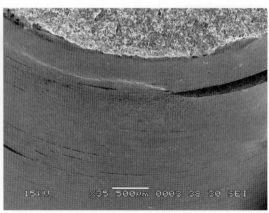

図10 旋盤加工の目に沿ってき裂の発生が認められた水素ガス中引張試験片

図11 MT装置と鋼製水素蓄圧器のMTによる内表面検査の様子

7. 供用中検査における鋼製水素蓄圧器の安全性確保

　蓄圧器の安全性を継続的に担保するためには，非破壊検査による定期的な保安検査が重要になる。供用中の検査手法として，目視検査（VT）やPT，ETなどの蓄圧器を開放して行う検査と，蓄圧器を開放せず外部から行えるUTなどがある。VTでは腐食の発生や大きな欠陥の有無，PTやMT，ETでは微小な表面欠陥の有無とその表面長さサイズ，UTでは内部欠陥や内表面欠陥の有無とその深さなどのサイズ情報が得られる。検出可能な欠陥やその検出精度は機器の形状や検査方法によって異なるため，検査で確認したい項目により適切な方法を選択することが重要となる。疲労き裂進展速度の大きな水素ステーション用鋼製蓄圧器においては，疲労き裂の深さ情報が重要となるため，加圧状態で外部から行うUTが安全性担保に効果的であると言える。

　図12に示す口絞り構造を有する水素ボンベの鏡部は，非破壊検査による内表面の欠陥検出が難しいとされてきたが，(一財)石油エネルギー技術センター（JPEC）が所掌する「水素スタンド保安検査基準委員会」[22)]で圧縮水素スタンドの保安検査基準の案としてJPEC-S 0001(2016)

第2節　鋼製水素蓄圧器の開発と安全性評価

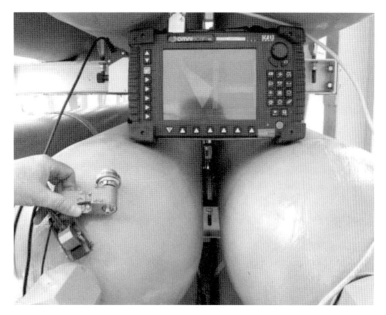

図12　高圧水素ボンベ鏡部の供用中検査の様子

が作成され[23]，検査方法として水素スタンド用鋼製蓄圧器の超音波探傷試験の規格が「NDIS 2431（2018）」として新たに制定された[24]。この方法を用いることで，内表面のしわ傷の有無やその深さ，継続的に検査することでしわ傷からの疲労き裂発生の有無などについての情報を得ることが可能となった。

　検査方法が確立されている鋼製水素蓄圧器においては，疲労き裂進展解析によって求められた繰返し回数を定期的な保安検査周期とし，定期的な検査で検出可能なき裂がないことを確認できれば，理論的には次回保安検査まで蓄圧器の安全性を担保することができ，疲労解析で求められる寿命を製品寿命とすることが経済上の観点から好ましい使い方と考えられる。

8. おわりに

　水素ガスを高圧で大量に貯蔵する蓄圧器においては，安全を第一に信頼性の高い容器でなければならないが，同時に水素エネルギー社会の普及に向けコスト低減も求められている。安全な鋼製蓄圧器を製造するために必要な条件等に関しては，JPECより，「水素スタンドで使用される低合金鋼製蓄圧器の安全利用に関する技術文書（JPEC-TD 0003）」が公開されている[25]。また，規制合理化を目指した材料使用条件の明確化や性能規定化を含む規格化の評価研究，供用中の保安検査基準の作成など，水素ステーション用鋼製蓄圧器に関連した規格基準の整備も現在積極的に進められており，今後，安全性，経済性，そして利便性を満たし水素社会に寄与できる技術や体制が確立されていくことが望まれる。

謝　辞
　蓄圧器の開発における水素ガス中のデータは，NEDOの支援を受けた委託事業の結果得られたものであり，感謝申し上げます。

文　献

1) 和田洋流：ふぇらむ, **21**(4), 170 (2016).
2) http://www.nedo.go.jp/content/100536446.pdf
3) http://www.jari.or.jp/portals/0/jhfc/data/report/pdf/tuuki_phase2_01.pdf
4) R. H. Cavett and H. C. Van Ness：*Welding Research Supplement*, **42**(7), 316-s (1963).
5) 大西敬三, 千葉隆一, 手代木邦雄, 加賀寿：日本金属学会誌, **40**(6), 650 (1976).
6) 石垣良次, 和田洋流, 東司, 田中泰彦：日本製鋼所技報, **56**, 106 (2005).
7) H. G. Nelson：ASTM STP 543, 152 (1974).
8) 南雲道彦：材料と環境, **56**(4), 132 (2007).
9) 和田洋流, 荒島裕信：日本製鋼所技報, **65**, 36 (2014).
10) 荒島裕信, 政田悟, 伊藤秀明, 大西敬三：鉄と鋼, **96**(2), 76 (2010).
11) 柳沢祐介, 荒島裕信, 和田洋流：日本鉄鋼協会 第175回春季講演大会予稿集, 331 (2018).
12) 松山晋作：鉄と鋼, **80**(9), 679 (1994).
13) Y. Wada, R. Ishigaki, Y. Tanaka, T. Iwadate and K. Ohnishi：Proceedings of International Conference on Hydrogen Safety 2005, http://conference.ing.unipi.it/ichs2005/Papers/220113.pdf
14) 和田洋流：日本金属学会 第149回秋季講演大会講演概要, S4・32 (2018).
15) Y. Wada, R. Ishigaki, Y. Tanaka, T. Iwadate and K. Ohnishi：Proceedings of 2007 ASME Pressure Vessels and Piping Division Conference, PVP2007-26533 (2007).
16) 宮本泰介, 松尾尚, 小林信夫, 向家佑貴, 松岡三郎：日本機械学会論文集A編, **78**(788), 531 (2012).
17) http://www.nedo.go.jp/content/100116822.pdf
18) http://www.nedo.go.jp/content/100871500.pdf
19) http://www.nedo.go.jp/content/100871501.pdf
20) K. Takasawa, Y. Wada, R. Ishigaki, Y. Tanaka, T. Iwadate and K. Ohnishi：Proceedings of 2007 ASME Pressure Vessels and Piping Division Conference, PVP2007-26508 (2007).
21) Y. Wada, K. Takasawa, R. Ishigaki, Y. Tanaka and T. Iwadate：Proceedings of 2009 ASME Pressure Vessels and Piping Division Conference, PVP2009-77666 (2009).
22) http://www.pecj.or.jp/japanese/committee/index_committee03.html
23) www.pecj.or.jp/japanese/committee/pdf/jpec-s_0001.pdf
24) 一般社団法人日本非破壊検査協会：NDIS 2431, 2018.
25) http://www.pecj.or.jp/japanese/committee/pdf/jpec-td_0003.pdf

第3章 水素ステーションの安全対策

第3節 コスト低減に寄与する水素ステーション用蓄圧器の開発

JFE コンテイナー株式会社　高野　俊夫

1. 緒　言

世界に先駆けて水素社会を実現すべく，FCV の普及，水素ステーション（以降，水素 ST）の整備を加速させるための必要な取り組み（水素 ST の本格整備を目的とした新会社を 2018 年春に設立）が行われている[1]。

その一方で，水素 ST の整備費について 1.7 億円～2.2 億円程度，運営費について 1,500 万円程度という調査結果が報告されている。整備費，運営費の低減が必須となっている。本稿ではコスト低減に寄与する水素 ST 用蓄圧器の開発について報告する。

2. コスト低減に向けて政府の取組

資源エネルギー庁は，水素 ST の整備費，運営費の低減への取り組みを提言している。蓄圧器関連では，海外規格材料及び同等材の使用可能化，保安検査の合理化，フープラップ式複合圧力容器（Type 2）の開発，パッケージ方式の採用などが挙げられる[2]。

3. 水素ステーション蓄圧器に関わる基礎知識

3.1 水素ステーションの構成

水素 ST の主要設備を図1[2]に示す。圧縮機にて 82 MPa まで昇圧させて蓄圧器に水素が貯蔵される。プレクーラーにより，−40℃に冷却された水素はディスペンサーを介して FCV，FC バスに搭載された高圧水素容器に 70 MPa 充填される。

3.2 高圧ガス容器の仕様（圧力・充填回数）

各種可燃性ガス貯蔵用容器の要求仕様を比較して表1に示す。水素 ST 蓄圧器として，Type 1（鋼製容器），Type 3, 4 が市場導入されている。コスト低減を目的として，フープラッ

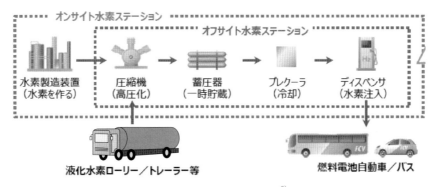

図1　水素 ST の主要設備[2]

表1 各種可燃性ガス貯蔵用容器の要求仕様の比較

			天然ガス		水素							
			自動車搭載用	充填所	自動車搭載用		輸送車両搭載用		充填所			
			Type 1,3, 4	鋼製容器	Type 3	Type 4	Type 3	Type 4	鋼製容器	Type 3	Type 4	ガイドライン案	NEDO目標
	国内への市場化		導入	導入	導入	導入	導入	導入	設置	開発*1)	設置	*2)	*3)
	技術基準		別添9 *4	特定則			JIGA-T-S/12/04		特定則	特認	特認		
要求仕様	常用圧力	MPa	20	25	70	70	35 (45 策定中)		82	82	82		
	設計圧力	MPa										<106	<106
	破裂圧力比(設計破裂応力/設計圧力)		(2.5倍)	(4.0)			(4.0)		(4.0)	(2.56)		>2.5倍	
	常温圧力サイクル			-						>22,000		ユーザー設定、5000回以上の使用	10万回以上
	構成材料		34CRMO4, アルミ合金(A6061-T6)、HDPE等	34CRMO4	アルミ合金(A6061-T6)	HDPE, PA 等	アルミ合金(A6061-T6)	HDPE, PA 等	SNCM439, ASME SA723 等	アルミ合金(A6061-T6)	HDPE	アルミ合金(A6061-T6)、HDPE等	

*1 平成24年度NEDO成果報告会資料, 188-191
*2 蓄圧用複合容器ガイドライン案 骨子
*3 平成24年度NEDO成果報告会資料, 306-307
*4 天然ガス自動車燃料装置用容器の技術基準の解釈

プ式複合蓄圧器（Type 2）の開発がNEDO主導で行われてる。目標充填回数は，10万回。

3.3 蓄圧器の種類

NEDOは水素STのさらなる低コスト化に関する研究開発として，2017年度までの3年間を目途に図2に示す各種の蓄圧器の開発に取り組んでいる。

3.4 国内外の基準

フープラップ式複合蓄圧器（以降，Type 2）の基準として，米国 ASME BPVC VIII.Dev.3 (2015) がある[3]。

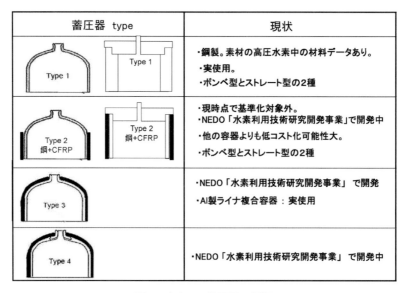

図2 水素ST蓄圧器の種類

Article KG-5 では，Type 2 容器の一般的要求事項が，Article KD-10 では，高圧水素貯蔵に係る材料への要求事項が，それぞれ記載されている。Type 2 の国内の技術基準に係る議論が石油エネルギー技術センター（JPEC）にて行われている。

Type 3 容器の基準として，国内では，KHKTD 5202（2014）「圧縮水素蓄圧器用複合圧力容器に関する技術文書」が制定されている[4]。

4. Type 3 蓄圧器
4.1 Type 3 蓄圧器の構造
構造を**図3**に示す。アルミニウム合金（A6062-T6）を炭素繊強化プラスチック（以降，CFRP）で強化した蓄圧器（以降，Type 3）。

4.2 製造方法
フルラップ式複合蓄圧器のフラメントワインディング（以降，FW）工程を**図4**に示す。Type 3 における金属ライナーは，水素のガスバリア層としての役割が大部分であり，蓄圧器としての耐圧性能はCFRP層に分担される。そのため，FW工程は円周方向の応力を分担するフープ巻と軸方向の応力を分担するヘリカル巻から構成される。次節で紹介するType 2 の鋼製金属円筒はCFRP層と同等以上に剛性が高い事から，軸方向のFWは不要で，フープ巻のみとなる。

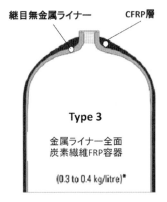

図3　Type 3 複合蓄圧器の構造

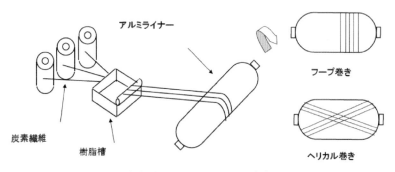

図4　炭素繊維のワインディングプロセス

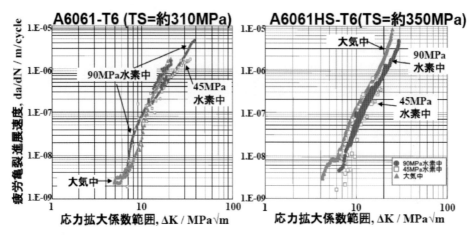

図5　高圧水素環境がA6061-T6の疲労き裂進展速度におよぼす影響

4.3　アルミニウム合金の水素脆化挙動

高圧水素環境がアルミニウム合金（A6061-T6）の疲労き裂進展速度に及ぼす影響を図5[5]に示す。大気中と比較して，45 Pa及び90 MPa水素中のき裂進展速度は顕著な差がない。天然ガス自動車搭載用容器として長年の実績があるType 3容器を高圧水素蓄圧器として設計するに際して，特段の配慮は不要となっている。

4.4　Type 3蓄圧器の技術課題

平成24年度までの成果として，常用圧力82 MPa，内容積200 Lにおいて，最小破裂圧力：210 MPa（常用圧力の2.56倍）及びサイクル性能22,000回以上が確認されている。平成27年度に，常用圧力を90 MPaとして，サイクル数50,000回以上を目標とし，将来はサイクル使用回数10万回以上を目指している[6]。

「蓄圧器用複合容器ガイドライン案」[7]では，疲労寿命を5,000回以上と設定している。商用ステーションのコスト低減の観点から，更なる長寿命化が要求される。平成25年度からのNEDO事業では，10万回以上が目標となっている。最小破裂圧力210 MPa（常用圧力の2.56倍）の容器の疲労寿命の実力は22,000回以上。平成25年度からのNEDOの目標を達成する容器は未だ開発に至っていない[6]。

アルミニウム合金のS-N曲線は，鉄鋼材料と異なり，疲労限が存在しない[8)9]。

アルミニウム合金のS-N曲線に従って，10万回以上の長寿命化には，破裂圧力の観点からは過剰性能となる水準まで，炭素繊維層の厚さを厚くして，発生応力を低減させる必要がある。

5.　Type 2蓄圧器
5.1　鉄鋼材料の高圧水素脆化挙動

水素割れの危険性に対する鋼の強度と環境の厳しさの関係を図6に示す[10]。潜在き裂の安全限界は，45℃における拡散性水素量が多くなるほど，鉄鋼材料の引張強さは，低強度側となる。

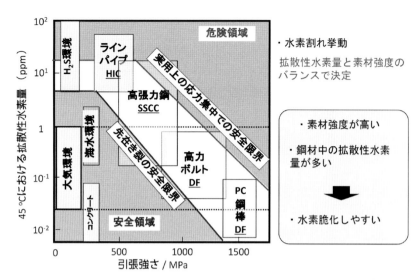

図6 水素割れの危険性に対する鋼の強度と環境の厳しさの関係[10]

5.2 鉄鋼材料の高圧水素蓄圧器への適用

低合金鋼 SCM435 を水素中で最高荷重まで引張試験を行い，その後は窒素中で試験を行うと絞り値は低下しない。一方，窒素中で最高荷重まで引張試験を行い，その後は水素中で試験を行うと絞り値が低下する実験結果が得られている（図7，8）[11]。

更に，低合金鋼 SCM435 では，疲労限度は低下しない（図9）。その結果，公式による設計の可能性が示唆された[11]。

5.3 Type 2 蓄圧器と Type 3 蓄圧器の相違点

図2に示す様に，Type 1，Type 2 は金属円筒に鉄鋼材料が用いられている。鉄鋼材料の剛性は CFRP と同等以上である事から，軸方向の CFRP 層による補強は不要で，周方向の FW のみで蓄圧器としての性能は確保される。

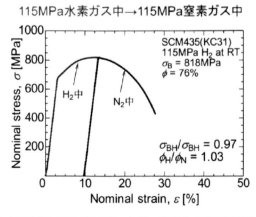

図7 SCM435 鋼の 115 MPa 水素・窒素中の引張試験結果[11]

第3章 水素ステーションの安全対策

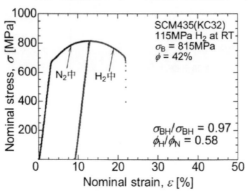

図8　SCM435鋼の115 MPa 窒素・水素中の引張試験結果[11]

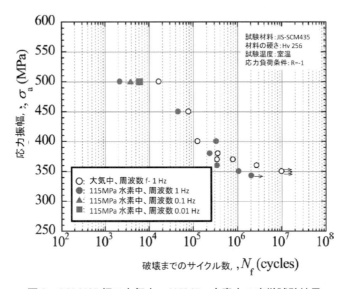

図9　SCM435鋼の大気中・115MPa 水素中の疲労試験結果

　一方，Type 3 のライナーに用いられているアルミニウム合金は，CFRP よりも圧倒的に剛性が小さい事から，蓄圧器の性能を確保するには，周方向のフープ巻のみならず，軸方向のヘリカル巻から構成されるフルラップ CFRP 構造が必要となる。

　Type 2 は，耐圧性能の大半を鋼製の金属円筒が担う事から，耐圧性能の大半を CFRP が担う Type 3 と比較して，CFRP 層の厚さは顕著に薄い。

　高価な炭素繊維を用いる量が少なく，大量生産型のシームレス管を金属円筒として起用した Type 2 は，Type 3 と比較してコスト低減が期待される。

　更に，Type 3 は，フルラップ CFRP 構造が必須である事から，ライナーはボンベ型となる。一方，Type 2 は，ボンベ型，ストレート型の何れも可能となる。更にストレート型は非破壊検査装置の蓄圧器内部への装入が可能である事から，合理的な保安検査手法の適用により，長寿命化が期待される。

Type 3 の開発が先行しているが，製造コスト低減が可能であり，さらにストレート型の Type 2 は，非破壊検査の容易性等から，Type 2 のスチールライナー CFRP 蓄圧器も提案されている（**図 10**）[12]。

5.4 Type 2 蓄圧器の低コスト化への取り組み

鋼製容器単体から構成される Type 1 蓄圧器において，充填圧力が高くなると蓄圧器の周方向応力は増大する。増大する周方向応力に対応して，容器の肉厚を厚くする必要がある。或いは，蓄圧器の材料の強度を高めることで肉厚を薄くすることが可能である。Cr-Mo 鋼等の低合金鋼は引張強度が 1000 MPa 程度以上では水素脆化の影響が大きくなるため[13]，強度を一定値以下に制限する必要がある。しかし，材料特性を考慮した上で蓄圧器性能を確保する合理的な設計基準を構築することで低合金鋼の適用範囲が広がる事が期待される。水素 ST での長期間の使用では蓄圧器は数万〜数十万サイクルの内圧変動を受けるため，材料の疲労特性が重要となる。**図 11**[15] は応力振幅と破断までの繰返し数の関係（S-N 線図）の模式図であるが，一般に金属材料では一定の応力以下では疲労破壊を生じない疲労限が存在し応力が大きくなるほど破断寿命が短くなる。高圧水素中での低合金鋼の破断寿命は大気中より短くなるが疲労限は大気

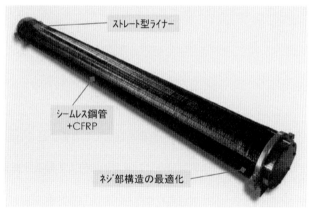

写真提供：JFE スチール株式会社

図 10　シームレス（継目無）鋼管および炭素繊維強化プラスチックを適用した Type2 蓄圧器[12]

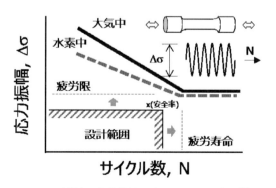

図 11　材料の疲労特性と疲労設計の模式図[15]

中と同程度である事が多くの実験結果から示されている[14]。よって，図11に示すように蓄圧器のライナー材に加わる応力が疲労限に一定の安全率を考慮した値より低くなるように容器を設計することで，水素脆化が懸念される低合金鋼でも安全に使用することが可能となる[15]。

6. まとめ

(1) 商用水素ステーションの更なる低コスト化の早期実現を目的として，実用化技術開発を平成25年度から3年計画でスタートさせている。

(2) 水素STの整備費，運営費の低減への取り組みとして，蓄圧器関連では，海外規格材料及び同等材の使用可能化，保安検査の合理化，フープラップ式複合圧力容器（Type 2）の開発，パッケージ方式の採用などが挙げられる。

(3) 115 MPaの水素環境における疲労試験の結果，低合金鋼SCM435では，疲労限度は低下しない事が明らかとなった。公式による設計の可能性が示唆された。

(4) Cr-Mo鋼等の低合金鋼は引張強度が1000 MPa程度以上では水素脆化の影響が大きくなる。しかし，材料特性を考慮した上で蓄圧器性能を確保する合理的な設計基準を構築することで低合金鋼の適用範囲が広がる事が期待される。

(5) 蓄圧器のライナー材に加わる応力が疲労限に一定の安全率を考慮した値より低くなるように容器を設計することで，水素脆化が懸念される低合金鋼でも安全に使用することが可能となる。

文　献

1) 資源エネルギー庁：「水素ステーションの本格整備を目的とした新会社を2018年春に設立」プレスリリース (2017).
2) 資源エネルギー庁講演資料：水素社会実現に向けた我が国の再エネ推進計画 (2016).
3) ASME BPVC VIII. Dev.3 (2015).
4) 高圧ガス保安協会：圧縮水素蓄圧器用複合圧力容器に関する技術文書 (2014).
5) NEDO：水素社会構築共通基盤整備事業（事後評価）第1回分科会資料7-2-2, 事業原簿Ⅲ 2.3(2)-3 (2010).
6) NEDO：平成24年度成果報告会資料, 188-191, 306 (2012).
7) JPEC：蓄圧器用複合容器ガイドライン案 (2012).
8) 安田武夫：プラスチック材料の各動特性の試験法と評価結果, プラスチックス, 工業調査会, **51**(11), 93-102 (2000).
9) 一谷幸司：車載高圧水素タンク用6061合金の疲労特性, Furukawa-Sky Review, **2**, 29-34 (2006).
10) 松山晋作：遅れ破壊, 日刊工業新聞, 70 (1989).
11) 松永久生：水素社会を支える材料強度評価技術の最前線, HPIセミナー (2018).
12) 高野俊夫：日本機械学会誌, **118** (2015).
13) 和田洋流, 荒島裕信：日本製鋼所技報, **65**, 36-45 (2014).
14) 中村潤：ふぇらむ, **21**, 6-11 (2016).
15) 石川信行, 髙木周作, 高野俊夫：水素エネルギーシステム, **41**(1), 58-59 (2016).

第3章 水素ステーションの安全対策

第4節 水素ディスペンサーの安全性

日立オートモティブシステムズメジャメント株式会社　櫻井　茂

1. はじめに

　水素ステーションには様々な安全対策が施されている。水素の漏洩防止と早期検知による拡大防止，万が一洩れた場合の滞留防止や引火防止，更に火災時の周囲への被害軽減が安全対策の基本的な考え方である。

　本稿では特に水素ディスペンサーと水素ディスペンサー周辺の安全性について，機器あるいは機能の面から内容を述べる。

2. 水素の性質

　水素ディスペンサーの安全性を述べるにあたり，まず水素の性状について述べる。

　水素は可燃性ガスの一種で，他の可燃性ガス・燃料と比べて「空気より非常に軽い」「拡散速度が速い」ことから，その場に留まりにくく，開放空間では直ぐに燃焼濃度範囲以下になりやすい。

　また，他の可燃性ガス・燃料に比べ注意する点として「着火エネルギーが小さい」「燃焼濃度範囲が広い」点や無色・無臭，火炎が見えにくい等「検知しにくい」といった特性がある。

　表1のような水素の特性，物性を考慮し，水素ステーションや構成機器は様々な安全対策が施されている。

表1　水素の特性，物性と他の可燃性ガス・燃料

特性	物性	可燃性ガス 水素	可燃性ガス 天然ガス	可燃性ガス LPG	燃料 ガソリン	参考 空気
空気より軽く，拡散しやすい（留まりにくい）	比重（相対値）	1	8	22	50	15
	拡散速度（相対比）	100	25	20	8	—
自然着火しにくい	自然発火温度	570℃	580℃	450℃	300℃	—
小さいエネルギーでも着火しやすく，燃焼範囲も広い	最小着火エネルギー	0.02mJ	0.29mJ	0.26mJ	0.24mJ	—
	燃焼濃度範囲	4〜75%	5〜15%	2〜10%	1〜7%	—
	ガス検知器設定値（法定値）	10,000ppm	13,250ppm	5,500ppm	—	—
検知しにくい	着色・臭気	無し	無し（付臭可）	無し（付臭可）	有り	—
	火炎の色	無色	青白	燈	赤	—
材料強度への影響	金属の脆化	有り	無し	無し	無し	—

第3章　水素ステーションの安全対策

次項より，水素ステーションの安全対策の基本的な考え方とそれらに対応した水素ディスペンサーの安全対策について述べる。

3. 水素ステーションの安全対策の基本的な考え方

水素ステーションの安全対策の基本的な考え方を以下に記す。

水素ステーションの各構成機器は，表2の考え方に従って安全設備や機能を備えている（図1）。中でも水素ディスペンサーについては，他の要素機器と比べて充填時に人の操作が介在するため，誤操作や不慮の事故等に対する周到な安全対策が求められる。

表2　水素ステーションの安全対策の考え方

	項　目	内　容
1	水素を漏らさない	水素ステーション完成時、及び定期的に水素ガスによる気密試験を実施する。また、水素ステーションでは水素脆化等の影響を受けない金属材料を使用することが義務付けられている。
2	水素が漏れても留めない	水素は気体の中で最も軽く直ぐに上方へ拡散し、着火しないレベルまで希釈されるので、キャノピー等は水素が滞留しない構造とする。
3	水素が漏れたら早期に検知し、拡大を防ぐ	水素ステーションには水素漏洩検知器が設置され、少量の水素漏洩を検知して設備毎に水素の供給を遮断し、水素漏洩の拡大を防止する。
4	漏れた水素に着火させない	水素ステーションでは電気設備を防爆構造として着火源を排除しており、万一水素漏洩しても着火の可能性は低くなっている。
5	万一、火災等が起こっても周りに影響を及ぼさない	水素ディスペンサーや蓄圧器の近傍には火炎検知器が設置されており、万一の火災時には警報し、設備の運転を自動的に停止する。また、漏洩した水素ガスに着火しても速やかにガスが遮断される。更に、高圧ガス設備の外面から敷地境界に対して一定距離を確保するか、障壁等を設置する。

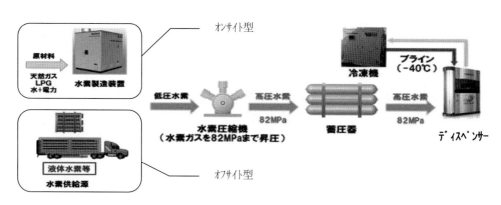

図1　水素ステーション構成機器

第4節 水素ディスペンサーの安全性

3.1 水素ディスペンサーと水素ディスペンサー周辺の安全設備，機能

図2に水素ディスペンサーと水素ディスペンサー周辺の安全設備，機能を示す。

図3に水素ディスペンサー概略機器構成を示す。

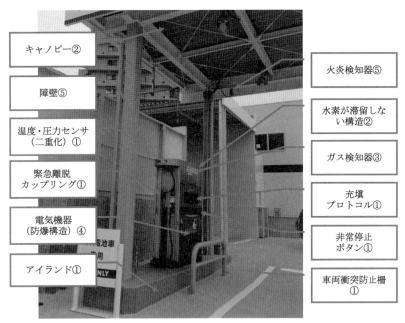

（○数字は安全対策の考え方の項目No.）

※口絵参照

図2 水素ディスペンサーと水素ディスペンサー周辺の安全設備，機能

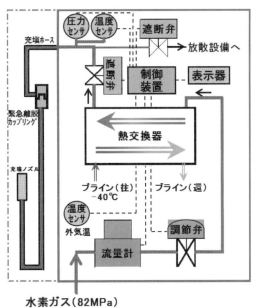

図3 水素ディスペンサーの概略機器構成

第3章 水素ステーションの安全対策

　水素ディスペンサーは，燃料電池車（以下，FCV）と接続し3〜5分程度で水素ガスを急速充填するとともに充填したガスを計量する。そのため，ディスペンサー内には，流量計，調節弁，遮断弁，ホース，充填ノズルの他，熱交換器，緊急離脱カップリング，圧力センサ，温度センサ，さらに充填制御装置と表示器を備え，これらを一つの筐体に納めている。

　なお，筐体は雨水から各機器を保護することは勿論だが，万が一水素ガス漏洩があった際に筐体内に水素ガスが滞留しない構造とする必要がある。

　以下に安全対策の考え方の項目毎に各設備，機能について説明する。

3.1.1　水素を漏らさない

(1) 非常停止ボタン

　各機器に組込まれている部品でどの場所で押下されても水素ステーションの全ての機器が安全に自動停止する。制御盤等，機器によっては不意の接触による誤操作を防ぐためカバー等をする場合がある。

　非常停止ボタンには配線系統のケーブル断線判定も考慮し，通常閉のロジックとなるようb接点を採用する。

(2) 緊急離脱カップリング

　高圧ガス保安法一般則例示基準59，59の8に記載がある。

　緊急離脱カップリングは充填ホースに装着され，一定以上の引張力（200〜600 N）が充填ホースにかかった場合に充填ホースを分離し，ガス流路を遮断する安全装置である。

　車両誤発進や他の車両の衝突により充填ホースが接続されたままFCVが移動する事故を想定し，引張り方向はあらゆる方向を考慮して安定した分離力となるように設計する必要がある。

　また，万が一，緊急離脱カップリングが作動した後は，当該緊急離脱カップリングの点検をせず使用してはならない。

(3) 充填プロトコル

　FCVの実用化・普及のためには，ガソリン車並の充填時間（3分程度）とし，満充填で500 km以上走行する必要があり，充填圧力は70 MPa（@15℃）となった。

　水素ガスを急速に充填すると，FCV搭載容器の上限温度85℃を超える恐れがある。

　FCVへ高圧な水素ガスを安全かつ急速に充填するため，米国自動車技術会（Society of Automotive Engineers，以降SAE）において，国際的な規格としてSAE J2601を制定した。これを国内法に適用するために，圧縮水素充填技術基準（JPEC-S0003（業界基準），以下充填プロトコル）が制定された。

　FCV車載容器の安全使用範囲を図4に示す。車載容器の上限温度は85℃，上限圧力は87.5 MPaである。また，70 MPa（@15℃）と同等のガス密度を満充填（State of Charge，以下SOC＝100%）と規定した。

　なお，現在水素ステーションの上限圧力は82 MPa（高圧ガス保安法）となっている。

　FCV車載容器がいかなる条件でも破裂等することが無く，安全な使用範囲内で急速充填を行うために，充填プロトコルは以下の通り規定されている。

第4節 水素ディスペンサーの安全性

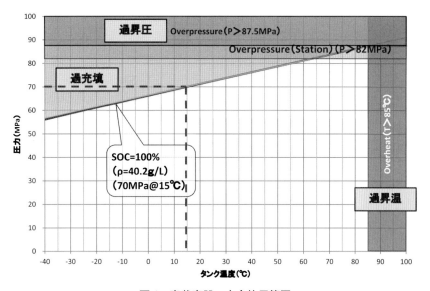

図4 車載容器の安全使用範囲

① 充填の方法

　圧力上昇率（Average Pressure Ramp Ratio，以下APRR）を一定とした充填を条件とし，車載容器容量3種，プレクール温度3種，FCVと水素ディスペンサー間の通信（以下，IR通信）有無でカテゴリ分けされ，18のテーブル（充填条件：APRRと目標圧力）が用意されている。

　FCVからIR通信で，車載容器容量，温度等を受信しながらSOC満タン充填を行う通信充填と，IR通信を行わず目標圧力まで充填する非通信充填があり，通信充填中にIR通信が遮断した場合は，非通信充填へ移行して目標圧力まで充填を継続する。

② 圧力上昇率

　前述の18テーブルから該当するテーブルを参照し，環境温度（気温）からAPRRを読出し，充填を行う。充填中は，充填圧力が時々刻々の制御目標圧力の＋7MPa～－2.5MPaの範囲内にあるか監視し，その範囲を逸脱した場合は充填を終了する。

　APRRは，車載容器温度が環境温度より規定値分高い条件で，初期圧2MPaから放熱性が悪いタイプ4容器（樹脂容器を樹脂層で覆った車載用高圧水素容器）へプレクール（④参照）温度上限（-33℃）で充填した場合でも，車載容器温度上限を超えない充填速度となっている。

③ 目標圧力

　該当するカテゴリのテーブルを参照し，環境温度（気温）と車載容器圧力（初期圧）から目標圧力（Ptarget）を読出し，充填終了条件とする。

　非通信充填の目標圧力は，車載容器温度が環境温度より規定値分低い条件から更に，FCVを高速走行した後の温度低下した車載容器温度を初期温度として，放熱性が良いタイプ3容器（アルミ容器を樹脂層で覆った車載用高圧水素容器）へプレクール温度下限（-40℃）で満充填SOC100％した場合の終了圧力が目標圧力となっている。

通信充填の目標圧力は，万一車載容器温度が誤っていても圧力上限を超えないよう，SOC≒120%となる圧力を目標圧力としている。

④ プレクール

水素ガスを予め冷却して充填することで，車載容器内の温度上昇を抑える。

3つのプレクールカテゴリが規定されており，現在は一番急速充填が可能なT40カテゴリ（－40～－33℃）の水素ステーションが大勢を占める（**表3**）。

充填ガス温度は，本充填開始30秒後以降充填終了まで，次のいずれかを満たさなければならない（T40の場合）。

- ガス温度がT40温度許容範囲内にあること
- 質量平均温度がT40温度許容範囲内にあること，かつ充填ガス温度との差が10℃以内であること
- 移動質量平均温度がT40許容温度範囲内にあること，かつ充填ガス温度との差が10℃以内であること

充填ガス温度が上記条件を満たさない（－33℃以上に上昇）場合，このまま充填を継続すると車載容器温度が上限を超える可能性があるため，通信充填時はフォールバック（⑤参照）して充填速度を遅くするか，非通信充填時は充填を停止する。

⑤ フォールバック

T40カテゴリで通信充填中にプレクール温度が④条件を逸脱した場合，T30カテゴリで充填した場合の充填終了時間で現在の充填圧力から終了圧力まで充填する圧力上昇率を求め，新たなAPRRとして充填を継続する機能である。

フォールバックは1回のみ実施可能で，更にプレクール温度が逸脱した場合は，充填終了となる。

非通信充填時はフォールバックできない。

⑥ 流量監視

充填流量が60 g/sec（流量上限）を超えた場合，充填終了とする。

(4) 温度・圧力センサ

① 温度（外気温度）

充填プロトコルにおける温度計測及び制約要件として，まず高圧ガス保安法の一般則例示基準55の2第2項及びコンビ則例示基準62の2第2項における外気温度は，水素ステーション内の直射日光が当たらない適切な場所で測定することとなっている。一般的には，外気温度センサは充填を行うディスペンサー筐体内に設ける。

表3　充填プロトコルにおける温度カテゴリ

温度カテゴリ	公称値	温度許容範囲	圧力上昇率
T40	-40℃	-40℃≦T fuel≦-33℃	28.5MPa/min
T30	-30℃	-33℃≦T fuel≦-26℃	23.6MPa/min
T20	-20℃	-26℃≦T fuel≦-17.5℃	13.2MPa/min

また，外気温度センサは別に設置の温度センサと比較・検証ができるようシステム構成され，比較した結果で不具合発生が想定される場合には，充填を行ってはならない。

充填プロトコルで規定されるテーブル中の外気温度範囲の内，充填可能な上下限は50℃，－40℃のため外気温度センサは－100℃～＋100℃の測定範囲が必要となる。

② 温度（供給燃料温度）

前項同様，高圧ガス保安法の一般則例示基準55の2第3項およびコンビ則例示基準62の2第3項における，燃料装置用容器に充填する圧縮水素ガスの温度（供給燃料温度）を計測するための供給燃料温度センサは，当該例示基準の規定に従うと，ディスペンサー筐体内で充填ホース上流近傍の配管に設けることとなる。

この理由として，FCVへ充填する水素ガス温度は水素ガスの温度により温度カテゴリが決められており，それぞれで圧力上昇率（充填速度）が異なる（表3）。

そのため，FCVに充填されるガス温度を正確に計測するために，なるべくFCV側に近い場所に温度センサを設置する必要がある。

③ 圧力（供給燃料圧力）

一般則例示基準55の2第1項及びコンビ則例示基準62の2第1項における充填中の圧力（供給燃料圧力）を計測するための供給燃料圧力センサは，供給燃料温度センサと同様にディスペンサー筐体内で充填ホース上流近傍の配管に設けることとなる。

また，外気温度センサと同様に別に設置の圧力センサと比較・検証ができるようシステム構成され，比較した結果で不具合発生が想定される場合には，5秒以内に充填を終了しなければならない。

(5) 車両衝突防止柵（図5）

高圧ガス保安法一般則例示基準59の7に記載がある。

衝突防止柵は高さ800 mm以上，管径60 mm以上，地盤埋込み300 mm以上であって，衝突防止柵が面するディスペンサーの面の幅よりも長い幅である必要がある。

強度については，普通車両（2 t）が20 km/hで衝突する力に耐えうる必要がある。

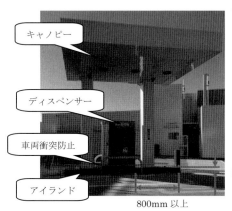

図5 ディスペンサーアイランド設置状況

(6) アイランド

高圧ガス保安法一般則例示基準59の7に記載がある。

ディスペンサーを設置するアイランドは嵩上げすることとし，嵩上げ高さは150 mm以上とし，前述の車両衝突防止柵で防護できない方向に対し嵩上げ幅（ディスペンサーからの距離）800 mm以上とすることと決められている。

図6 水素ディスペンサー開口部

3.1.2 水素が洩れても留めない
(1) キャノピー

高圧ガス保安法一般則例示基準6に記載があり，滞留しない構造として，以下のいずれかの構造と定義される。

① ディスペンサーの上部に設ける屋根の下部面が水平でかつ平面の構造
② ディスペンサーの上部に設ける屋根の下部面が傾斜している，又はくぼみを有する場合は，漏洩したガスが下部面から上部面へ抜けるような構造

(2) 水素が滞留しない構造（**図6**）

水素ディスペンサーに関する規格であるANSI（米国国家規格協会）/CSA（カナダ規格協会）4.1（2013）に，水素ディスペンサー筐体の通風用開口部（圧力逃がし用開口と兼用）の大きさを20 cm^{2}以上とする，との規定がある。

3.1.3 水素が漏れたら早期に検知し，拡大を防ぐ
(1) ガス検知器

高圧ガス保安法一般則例示基準23に記載がある。

水素ステーションでは，水素ガスの漏洩を検知し，かつ，警報するためのガス検知器，及び警報装置の設置が必須である（以下，検知警報設備）。

以下に検知警報設備の機能，構造，設置場所について主な基準を記す。

① 機　能

　a) 検知警報設備は，接触燃焼方式，隔膜ガルバニ電池方式，半導体方式その他の方式によって検知エレメントの変化を電気的機構により，あらかじめ設定されたガス濃度（以下，警報設定値）において自動的に警報するものであること。

　b) 警報設定値は，設置場所における周囲の雰囲気の温度において，可燃性ガス（水素）にあっては，爆発下限界の1/4以下の値であること（水素ガスの場合10,000 ppm）。

　c) 検知警報設備が警報を発するに至るまでの遅れは，日本工業規格JIS M 7626（1994）の6.7.2項にある警報の遅れ試験を準用して確認する。当該確認は，警報設定値のガス濃度の1.6倍の濃度のガスを検知部に導入し行い，その時の遅れが30秒以内であること。

　d) 電源電圧の変動が±10%あった場合においても，警報精度が低下しないものであること。

　e) 警報を発した後は，原則として，雰囲気中のガスの濃度が変化しても，警報を発信し

続けるものとし，その確認又は対策を講ずることにより警報が停止するものであること。
② 構造
　a) 十分な強度を有し（特にエレメント及発信回路は耐久力を有するものであること），かつ，取扱及び整備（特にエレメントの交換等）が容易であること。
　b) ガスに接触する部分は耐食性の材料又は十分な防食処理を施した材料を用いたものであり，その他の部分は塗装及びめっきの仕上げが良好なものであること。
　c) 労働安全衛生法に規定される防爆構造であること。
　d) 受信回路は，作動状態であることが容易に識別できるようにすること。
　e) 警報は，ランプの点灯又は点滅と同時に警報を発するものであること。
③ 設置場所
　a) ディスペンサーの筐体内に1個以上。
　b) 充填ホースと車両に固定した容器とのカップリング等接続部分付近に1個以上の検出端を持つ検知警報設備をそれぞれ1個以上（図7）。

3.1.4 漏れた水素に着火させない

(1) 電気機器（防爆構造）

防爆構造は労働安全衛生法の電気機械器具防爆構造規格にて規定される。

防爆構造には電気機器のクラス分けに応じて使用可能なガスの種類が定められ，6種類の構造に分類されている。

水素ステーションで扱う水素ガスは，小さいエネルギーでも着火しやすく燃焼濃度範囲も広いため，爆発等級（スキ奥行25 mmにおいて火炎逸走を生ずるスキの最小値）等は一番厳しい条件（0.4 mm以下）となる。

水素ディスペンサーには，流量計，調節弁，遮断弁，各種センサ，及び制御装置等，多くの電気機器が使用されている。これらの機器は耐圧防爆構造，又は本質安全防爆構造を採用している。

耐圧防爆構造は，容器がその内部に侵入した爆発性雰囲気の内部爆発に対して，損傷を受けることなく耐え，かつ，容器を構成する全ての接合部又は工場の開口部を通して外部の対象とするガス又は上記の爆発性雰囲気へと引火を生じることのない電気機器の防爆構造である。容器内部の電気機器への配線は専用の耐圧パッキン継手等を介して配線する。容器内で

図7　カップリング等接続部分付近への設置例

防爆構造が完結するため，配線する信号に制限は無い。

　本質安全防爆構造は，正常状態及び仮定した故障状態において，電気回路に発生するアーク又は火花及び熱がガス又は蒸気に点火する恐れがないようにした電気機器の防爆構造である。具体的には，あらかじめ電気火花エネルギーを点火エネルギー以下になるようにエネルギー抑止素子（以下，バリア）を用いてシステムを構成するものである。バリアは電気機器により決まっている防爆の定格以下となるよう信号形態（電源，電圧，電流）から，用途にあったものを選定する。

3.1.5　万一，火災等が起こっても周りに影響を及ぼさない
(1) 火炎検知器

　高圧ガス保安法一般則例示基準59の2に記載がある。

　水素の火炎は一般的な火炎の赤外線ではなく，紫外線を発するので，その紫外線を検知する方法により，水素火炎の発生を監視する。

　また，火炎（火災）を検知した場合，蓄圧器に対して温度上昇を防止するための装置（一般則例示基準59の3）の規定により設置した水噴霧装置，又は散水装置を自動的に起動する装置を設置することが要件である。

(2) 障　壁

　高圧ガス保安法一般則例示基準22に記載がある。

　水素ステーションでは圧縮機，及び蓄圧器と水素ディスペンサーの間に障壁の設置が必要である。

　障壁の構造は以下による基準のいずれかによるものとなる。

① 鉄筋コンクリート製障壁

　直径9mm以上の鉄筋を縦，横40cm以下の間隔に配筋し，特に隅部の鉄筋を確実に結束した厚さ12cm以上，高さ2m以上のものであって堅固な基礎の上に構築され，予想されるガス爆発の衝撃等に対して十分耐えられる構造のものであること。

② コンクリートブロック製障壁

　直径9mm以上の鉄筋を縦，横40cm以下の間隔に配筋し，特に隅部の鉄筋を確実に結束した厚さ15cm以上，高さ2m以上のものであって堅固な基礎の上に構築され，予想されるガス爆発の衝撃等に対して十分耐えられる構造のものであること。

③ 鋼板製障壁

　厚さ3.2mm以上の鋼板に30×30mm以上の等辺山形鋼を縦，横40cm以下の間隔に溶接で取付けて補強したもの，又は厚さ6mm以上の鋼板を使用し，そのいずれにも1.8m以下の間隔で支柱を設けた高さ2m以上のものであって堅固な基礎の上に構築され，予想されるガス爆発の衝撃等に対して十分耐えられる構造のものであること。

4. まとめ

　水素ディスペンサーは，充填者というエンドユーザーが直に操作する機器であるため安全性はもちろんだが，操作性も考慮した両立性が求められる。

当社は圧縮天然ガス（以下，CNG）ステーションにおいて，1990年代前半の国内普及開始当初からディスペンサーをはじめステーション建設に関する技術開発に着手し，これまで多くの実績を残してきた。水素ディスペンサーにおいては，CNGディスペンサーでのノウハウをベースに国立研究開発法人新エネルギー・産業技術総合開発機構（NEDO）の委託開発を通して要素機器の開発を行うと共に，安全性，操作性，耐久性等の実証試験結果を製品へフィードバックしてきた。

　今後もディスペンサーメーカとして，水素ディスペンサーの一層の安全性，信頼性，利便性の向上，コストなどに対し，水素ディスペンサーを中心としたエネルギーステーション全体の技術課題として取り組んで行く。

文　献
1）燃料電池実用化推進協議会（FCCJ）：ステーション概要（2017）．
2）高圧ガス保安協会：高圧ガス保安法令関係例示基準資料集．

第3章 水素ステーションの安全対策

第5節 水素ステーション用高圧水素充填ホース

株式会社ブリヂストン　下村　一普

1. はじめに

　昨今，水素社会実現に向けた自動車の開発とインフラ構築が進められ，2014年には商用ステーションの整備と燃料電池自動車の市場投入が開始された。株式会社ブリヂストン（以降，当社という）は，商用ステーション稼働にミートすべく，水素ステーションで燃料電池自動車に水素を充填する際に使用される，高耐圧性の水素充填用ホースの開発を進めた。

　水素ステーションでは，ホースを使用して水素をタンクから車両に充填するが，この時の水素は高圧に圧縮されているため，当然ながら使用するホースには高耐圧性が求められる。2014年当時，国内のステーションにおける水素充填時の最高圧力は最大70 MPaと定められていた。この70 MPaという圧力レベルは，ホースの中で一般的に高圧ホースと呼ばれる油圧機器等の最大使用圧力と言われる42 MPaを大きく上回るものであり，ホース設計者や生産者にとって，非常に困難度の高い性能要求値であった。更に，充填圧力を高めることで水素の充填量を増やすことができ，航続距離延長や充填時間の短縮が期待できるため，この最高圧力が82MPaまで引き上げられることが2014年時点で既に見込まれていた。当社は，2015年後半から商用ステーション向け水素充填用ホースを本格量産販売すべく，特に安全性を考慮して最高圧力82MPaに問題なく耐えるホースの実現を目指して鋭意開発に取り組んだ。

　参考までに，代表的なホース種類について使用される圧力帯を図1に示す。

　また，充填圧力アップの経済性への効果は図2（イメージ）の通りである。

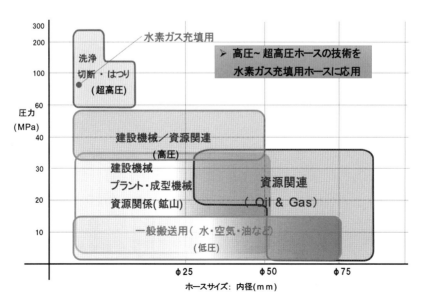

図1　ホースの種類と使用圧力帯

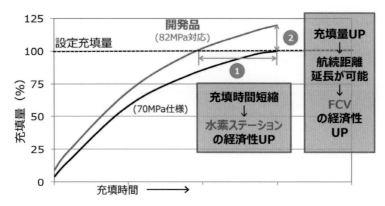

図2 充填圧力と充填量の関係（充填圧力アップによる経済的効果イメージ）

2. 要求性能とホースの基本仕様

最も重要な要求性能は高耐圧性であり，困難度の高い設計課題を解決すべく当社のホース技術の総合力を活かして設計開発を進めた。まず，主な要求性能とホースの基本仕様について説明する。

2.1 当社ホースの歴史

参考まで，当社ホースの歴史を簡単に紹介する。1937年にゴムホースの生産販売を開始，1961年には油圧機械用途の高圧ホースをブレード構造で立ち上げた。高圧ホースには大きく2種類の構造があり，高圧用途の中でも比較的低い圧力帯に使用されるのがブレード構造，比較的高い圧力帯に使用されるのがスパイラル構造である。当社がスパイラル構造の高圧ホースを開発して生産を始めたのは1968年であるが，当時は内層及び外層ともにゴム材のみを使用していた。その後，新たな技術を導入し，内層及び外層に樹脂材を用いた超高圧ホースを1985年に新商品として加えた。今回の水素充填用ホースの開発に当たっては，過去に開発経緯の中で培った技術を最大限に活かしながら開発に取り組んだ。

2.2 ホース補強構造（ブレードとスパイラル）

ここで，ブレード構造とスパイラル構造の違いについて簡単に述べる。

ブレード構造は図3に示す構造であり，補強材を交差させながら互いに絡み合わせて補強層を形成するため，形状が安定しやすい補強構造である。形状が安定しやすいことから製造技術は比較的容易と言える。ただし，補強層を交差させるため，補強層がウェーブ状に形成され，補強層の積み重ねは通常2層まで，特殊な用途でも3層までが一般的である。

一方，スパイラル構造は図4に示すように，補強材をらせん状に巻き付けて形成させるた

図3 ブレード構造

図4 スパイラル構造

め，隣同士の補強材の絡み合いがなく均一性確保が比較的難しい。したがって，安定した補強層を得るためには高度な製造技術を要する。このスパイラル構造の利点は，補強材を交差させずウェーブ状にならないため，より高密度に補強することが可能であり，ホース断面積当たり高い耐圧性が得られることになる。ブレード構造の場合は2層の補強層で形成するのが一般的であるのに対して，スパイラル構造の場合は4層または6層（8層も可能）の補強層積み重ねによって高耐圧性を発揮させることできる。

2.3 主な要求性能

今回の主な要求性能は以下の通りである。なお，2014年当時，顧客から明確に示された項目は，最高使用圧力と最低使用温度，及び耐圧性であったが，その他の項目についても顧客情報をもとに要求性能としてリストアップした。
- 最高使用圧力　　　：82 MPa
- 使用温度範囲　　　：−40℃〜60℃
- 耐圧性（破裂圧力）：最高使用圧力の4倍以上
- 耐久性（加圧繰返し性）：目標2,200回
- ホース曲げ半径：170 mm程度で充填操作可能なこと
- 水素ガス透過性：（参考値）500 mL/h/m以下

2.4 ホース基本仕様

要求性能を受けて，ホースの基本仕様を以下のように設定した。
- 内層　：耐水素ガス性樹脂層
- 補強層：スパイラル構造
- 外層　：耐候性・耐摩耗性樹脂層

3. ホースの設計検討

前項に示した要求性能とホース基本仕様をベースに具体的な詳細設計を進めた。

以降，特に補強構造の設計のポイントについて述べる（内層及び外層については詳細を省略する。）。

3.1 補強材質の選定

今回の用途は，過去に実績のない水素充填用であり，非常に高い耐圧性が求められる。高圧ホースの補強材として，鋼線ワイヤー，アラミド繊維，その他合成繊維などの実績があるが，過去の知見から当該レベルの高耐圧性を発揮させるために鋼線ワイヤーの採用を決定した。解決すべき課題としては，当然ながら狙いの耐圧性を発揮すること，加えて，充填操作に支障がないようにホースの柔軟性を確保すること，また，今回の用途特有の要求事項として，使用後に問題となる水素脆化を起こさないこと，以上が挙げられた。柔軟性の視点については後述の通りホースの曲げ反力を極小化するようにシミュレーションを行いながら詳細設計を進めた。一方，水素脆化に関して，詳細説明は省略するが，水素ガス環境下での材料特性，とりわけ引

張強さについて評価を重ねた結果，当社が採用した補強材については問題となる水素脆化の兆候はないものと判断できた。並行して，水素ステーションで水素充填試験を実施したホースを回収して調査を行った結果，補強材料の引張特性の低下は見られなかった。更に同試料にてホース破壊試験を実施した結果も初期値と同等であり強度低下は全く確認されなかった。

3.2 耐圧設計（ホース破裂圧力設計）

最高使用圧力を 82 MPa に設定してホースの補強層を設計することになるが，ホースの破裂圧力の設計目標値をどのレベルに設定するか事前検討を行った。顧客要求の「安全率」は "4" であったが，当社では更に安全性を高めることを考え「安全率」を "5" に設定して詳細設計を進めた。

注記：「安全率」とは，最高使用圧力に対するホース破裂圧力の大きさを比率で表したものである。

この安全率の捉え方は，ホース設計において非常に重要であり，ホース使用環境のシビリティや期待寿命等から設定されるものである。超高圧ホースとして実績のあるウォータージェット（高圧洗浄）ホースの安全率は，公的な基準はないものの "2" から "2.5" に設定されている場合が多い。過酷な使用条件で使用されるホースの代表例として油圧回路で使用される油圧ホースがあるが，この油圧ホースの安全率は "4" を用いることが一般的である。油圧配管には，いわゆるサージ圧（瞬間的に設定圧力を超えるピーク圧）が加わることが想定されていることと，ホースや配管が破裂した場合の被害の大きさ等に配慮して比較的高い安全率が設定されているものと考えられる。今回の水素充填用ホースには，サージ圧は加わらないものの，ホースに関わる故障モードの中でホース破裂事故による災害は絶対に避ける必要があるため，耐圧の安全性を最優先にした設計を行うことにした。

以上より，耐圧設計として，82 MPa の5倍である 410 MPa 以上のホース破裂圧力に到達するように補強材と補強本数等の設計を行った。

参考まで，2014年当時，既に海外基準（87.5 MPa）の情報も入手していたので，将来の海外展開時にも対応可能な耐圧水準をも視野に入れていた。すなわち，87.5 MPa の5倍を意識して設計を進めたことを付け加える。

3.3 耐圧性と柔軟性のバランス設計

補強構造は，ホースの柔軟性（曲げ易さ＝小さい曲げ反力）に影響する。この補強構造の詳細を決めるにあたり，ホース曲げのシミュレーションを実施しながら具体的な設計を行った。シミュレーション例を以下に示す。補強に用いる鋼線ワイヤー候補の線径を A,B,C,D（線径は A<B<C<D）の4種類とし，ホース曲げシミュレーションによりホース柔軟性の優劣を推定した。この場合，ホースの耐圧性（破裂圧力）が同値になるように A,B,C,D それぞれ補強本数を調整した上で（すなわち細径ワイヤーほど多本数補強する構造になる）所定本数のワイヤーを巻き付けたホースを図5のように曲げた際の反力を比較した。結果は図6に示す通り，補強に用いる鋼線ワイヤーは（補強本数が多くなったとしても）細径ほどホース柔軟性が優れることが推定できた。以降の詳細経緯は省略するが，補強密度バランスやホース仕上がり外径

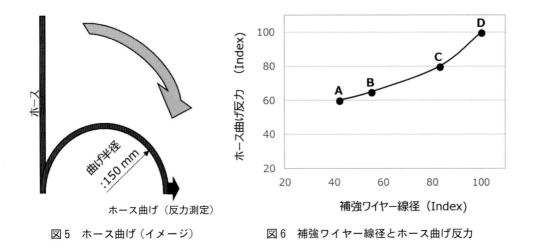

図5 ホース曲げ（イメージ）　　図6 補強ワイヤー線径とホース曲げ反力

等の設計要素も加味した上で最適構造を検討した結果，補強材Bを6層補強する構造に決定した。

3.4 ホース加圧時挙動制御（耐久性確保と充填作業安全性配慮）

ホースに内圧を加えた際，ホース補強材の補強角度が変化することによってホースに動きが生じる。この動きは，まず一つにはホースの耐久性に影響を与える。加圧繰返しによるホース構成部材の伸縮繰返しは材料の疲労を助長するため，加圧時の動きを抑えることは耐久性の維持向上に繋がる。もう一つは，水素ステーションで充填する際の安全性に関するものである。内圧が加わった際にホースが長さ方向に伸縮すると，ホース取り付け部に引っ張りの力が生じるか，反対にホースに弛みが出来るなどの現象が考えられる。従って，安全な充填作業を行うためにはホースの長さ変化は小さいほど好ましいと言える。ホース補強角度と補強材質組み合わせによって，ホース長さ方向の変化（長さ変化という）と径方向の変化（径変化という）はある程度制御できる。

3.4.1 静止角度と加圧時挙動

ホースに内圧がかかった時に釣り合う補強層の補強角度（ホース長さ方向に対する角度）を静止角度と呼び，以下のように導くことができる（図7）。

各補強層の伸長率比がホース全体の軸方向の伸長率比と同じであるとして，釣り合う時のθ_iを求めると，静止角度として54°44′という結果が得られる。加圧前のホースの補強角度が54°44′から隔たりがあると，そのホースに内圧をかけて釣り合う状態に至るまで，すなわち静止角度になるまでホースの補強層は角度変化する。このように内圧を掛けることによって，ホースの長さ変化及び径変化が生じるのである。

ホースを製造した際に補強角度50°に出来上がった場合を例に加圧時のホース挙動を計算してみる。下記の計算式によって圧力をかける前と比較して長さ変化はマイナス，径変化はプラス方向に変化することがわかる（以下の計算例では，補強層の物理特性は考慮していない）。

・長さ変化率＝｛cos(54°44′)/cos50°｝−1 ≒ −10%　：ホース長さが約10%縮む。

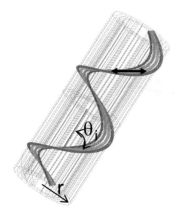

・軸方向の力の釣り合い
$$\pi r_0^2 P_0 + \sum_{i=1}^{n-1} \pi (r_i^2 - r_{i-1}^2) P_i = \sum_{i=0}^{n-1} T_i \cos\theta_i)$$

・径方向の力の釣り合い
$$2\pi r_i^2 (P_i - P_{i+1}) \cot\theta_i = T_i \sin\theta_i$$

n ：補強層数
Po ：内圧
Pi ：層間中間圧
T_i ：ワイヤ張力
θ_i ：補強角度
r_i ：耐圧径

図7　ホース補強角度

・径変化率＝{sin(54°44′)/cos50°}－1 ≒ 6.6%　：ホース外径が約 6.6% 太くなる。
このように製造条件によって補強角度を狙いの角度に調整出来れば，長さ変化と径変化をある程度制御することが可能である。ただし，補強材そのものの物理特性（伸び）を考慮することと，内層外層部材の剛性等によっては静止角度まで変化しないことも十分あり得るので，実測しながら狙いの補強角度を設定するプロセスが必要である。

3.4.2　加圧時挙動目標設定

前述の通り，今回の要求性能として加圧時長さ変化及び径変化を最小限に抑えたい。そこで，補強材の伸びと内層外層の剛性等を加味したホース設計シミュレーションを行った。補強角度を 2 水準，補強総本数（補強密度と同義）を 2 水準，**表 1** の設計条件にて 3 通りのシミュレーションを実施した。それぞれの結果を**図 8～10**，結果まとめを表1に示す。

以上の結果より，使用圧力である 70～82 MPa 時の長さ変化が最も小さく，径変化も比較的小さい，シミュレーション No.1 を実際の設計に反映させることにした。いずれの場合でも，長さ変化，径変化とも，1% 以内の変化率に抑えることが出来た。特に長さ変化は，非常に小さい値が得られており，充填作業中のホース長さ変化不具合の懸念はないものと推測する。目標値としては，長さ変化は 1% 以内，径変化は補強材の伸びを考慮して 2% 以内として，耐久性の評価結果を踏まえて総合的に判断したい。

表1　加圧挙動シミュレーション結果まとめ

No.	設定条件		82MPa 時の挙動	
	補強角度	補強総本数	長さ変化率（%）	径変化率（%）
1	大	多	-0.1	0.7
2	大	少	0.2	0.9
3	小	多	-0.3	0.9

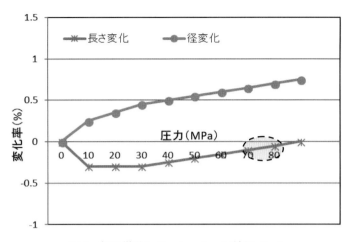

図8　加圧挙動シミュレーション結果-No.1

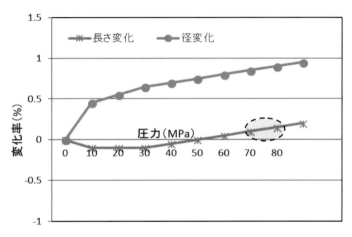

図9　加圧挙動シミュレーション結果-No.2

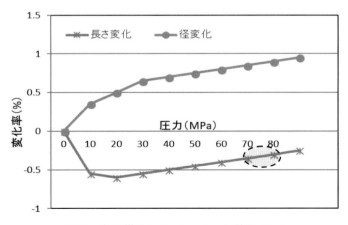

図10　加圧挙動シミュレーション結果-No.3

4. ホース性能確認結果

以上のように設計したホースの性能確認結果は以下の通りである（**表2，表3，図11，図12**）。

ホース性能確認結果，いずれも目標値を満足できた。特に，設計の重要ポイントであった耐圧性及び耐久性について，今回の試験条件において十分な結果が得られ，安全性に配慮した設計開発を実現できたものと判断する。

表2　ホース性能確認結果

項目	目標	結果
1. 耐圧性（破裂圧力）	410MPa（82×5倍）以上	480〜500MPa
2. 耐久性	2,200 回	（下表による）
3. 82MPa加圧時長さ変化	1%以内	−0.2〜0%
4. 82MPa加圧時径変化	2%以内	0.5〜0.8%
5. ホース柔軟性	曲げ半径170mm 曲げ可能なこと	曲げ半径150mm 問題なし
6. 水素ガス透過性	500ml/h/m 以下	50ml/h/m

表3　ホース耐久試験結果

	耐久性項目	試験条件				結果
		圧力	サイクル	設定温度	曲げ半径	
1	水圧による耐久試験	90.2 MPa (82×1.1)	6 sec	70 ℃	150 mm	200,000 回 異常なし
2	水素ガスによる耐久試験	90.2 MPa (82×1.1)	?	−40 ℃	150 mm	70,000 回 異常なし

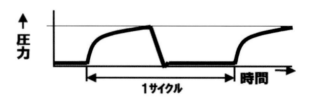

図11　耐久試験圧力波形（イメージ）

図12　耐久試験例

5. 課題と今後の展開

当該ホースは，安全性を高める，経済性を高める，この2点が継続した課題であると認識している。

5.1 安全性と経済性について

既述の通り，一定の安全性を確保したホース開発を実現し，既に商用ステーションで広く当社製水素充填用ホースをご使用いただいている。今後，ステーションと燃料電池自動車の普及とともに，経済性を高めることの重要度が増してくる。ホースに期待される寿命，すなわち充填保証回数を延ばすことは，ステーションの運営ランニングコスト低減に直結することを意識して活動を継続していく。引き続き関係諸団体及び関係各企業の方々のご協力のもと，安全性と経済性を高めるための各種検証実験等を進める所存である。

5.2 当社の社会貢献及び環境貢献への取り組み

当社グループの社会貢献活動の考え方は以下の通りである（図13）。

また，当社では環境宣言を掲げて持続可能な社会の実現に向けた取り組みを行っている（図14）。

図13　社会貢献活動として取り組むテーマ

図14　環境宣言

6. おわりに

　今回，環境にやさしい車社会に貢献できる商品として捉え，環境貢献活動として取り組むべきテーマの一つとして水素充填用ホースの開発を実現した。当社は，これからも高い技術力を活かした様々な製品を通じて，水素社会，モビリティ社会の発展に貢献していきたいと考えている。

第3章 水素ステーションの安全対策

第6節　ゴムシールの耐久性

NOK 株式会社　古賀　敦

1. ゴムOリングのシール（密封）原理

　機械装置には，オイル・燃料・ガスなどの流体を外部への流出を妨げる，あるいは外部からの異物が内部に侵入するのを妨げるためのシール部材としてゴム製のOリングが広く使用されている。Oリングは，図1のような円形断面をもったアルファベット「O」の環状形状であるゴム部材で，太さと内径で設計され，機器に溝を付与した面に組み付け，つぶし代を与えて使用するスクイーズタイプの代表的なシール部材である[1]。図2に示すように無加圧時は，Oリング自体のゴム弾性による反発力p_0でセルフシールすることができる。シール対象の流体圧力が増加してくるとその圧力により加圧され，溝の片側にOリングが押しつけられ，シール媒体の圧力p_1が加わることで接触面圧力が増加しシールするという原理に基づいている。ゴムシール技術とは，対象を常時シールするためのゴム技術と言える。Oリングには，壊れない範囲で適度な反発力を発生させ，さまざまな使用環境でもその反発力を維持する機能が要求される[2]。

　Oリングの組み付け分類は，図3の平面固定用および円筒面用の2つに大別される。平面固定用はOリングの上下方向につぶし代を与えることでシールする方法であり，円筒面用ではOリングの内外径の方向にてシールする方法である。円筒面用は摺動特性を考慮した設計をすることで運動用にも適用することができる。また，それぞれの組み付け方法で設計推奨範囲が設定されている。ここで，つぶし率とはOリングの太さ（線径）に対するつぶし代（Oリングを圧縮した時の線径の減少量）の比率であり，溝充填率は溝体積に対するOリング体積の比率で

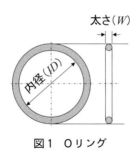

図1　Oリング

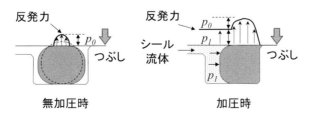

図2　Oリングのシール原理

組み付け	平面固定	円筒面
概略	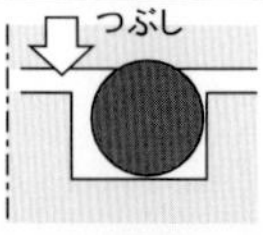 つぶし	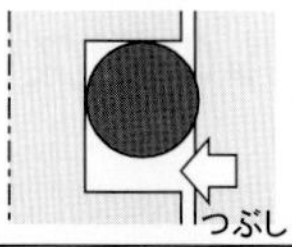 つぶし
つぶし率	8 – 30 %	8 – 25 %
溝充填率	最大90%,中央値75%狙い	

図3　Oリング組み付け方法と溝設定基準

ある。さらにシール使用環境において，適正な圧縮永久歪み率を有するOリングを選定することで，長期間シール性を維持し高い信頼性を有することができる[3]。

2. 高圧水素ガス用シール部材

　水素ステーションおよび燃料電池自動車の燃料電池システム構成機器では，ゴム・エラストマーによるシール部材により高圧水素ガスをシールする技術が重要である[4]。燃料電池自動車ではガソリン車同等の走行距離実現のため，高い体積エネルギー密度の水素を高圧 70 MPa に圧縮して車載タンクに貯蔵し，基本的にメンテナンスフリーを要求される。このような過酷環境下で長期にわたり，安定してシール機能を維持することが求められる。そこには高圧化や低温でのシール部材の摺動条件の過酷化に伴う多数の要素も含まれ，シール部材にはシール対象の高圧化による耐圧性はもとより，低温シール性の確保，高圧水素によるシール部材の変形や体積変化なども懸念される[5)6)]。

　高圧水素を貯蔵・制御する機器には，随所にゴム・エラストマー材料が高圧水素ガスシール部材として使用されることになるが，一般に高圧ガス環境下で使用する場合，ゴム材料内部を起点とする破壊が発生しシール性を著しく低下させる懸念がある。この破壊はブリスタと呼ばれ，ゴム材料を激しく破壊させ，破壊発生時期も予測しにくいことから，シール機能を考える上で最も重要となる技術課題である。これまでに，炭酸ガス，窒素ガス，アルゴンガスなどでゴム材料のブリスタ破壊が Briscoe らにより報告[7]されているが，70 MPa クラスの高圧水素ガスはもとより，加減圧が繰り返される環境下でのシール部材の破壊挙動としての研究事例は非常に少ない。そのため，高圧水素シール耐久性やその判定基準，耐久性改善指針に関する知見はいまだ十分には得られていないというのが実情である[8]。

3. 高圧ガスシール用ゴム材料の課題

　高圧ガスシール用ゴム材料に求められる特性として，ここでは特にシール性に影響があるガス透過特性および耐破壊性についての課題を示す。

3.1　ガス透過特性

　ゴム材料は主として有機高分子である。高分子鎖の構造を網目状に架橋させることによってゴム弾性を発現させている。高分子材料がガスと接触する場合には，ガスの収着現象が発生す

る。収着とは，高分子膜表面でガス分子が溶解し高分子内部を拡散しながら進む現象で，溶解拡散機構で説明される。ガスは多かれ少なかれ高分子内部を拡散し透過していくことになる。シール対象は水素であるため，透過特性によりシール性が損なわれることとなるが，高圧ガスの透過特性はこれまでに評価された事例はほとんどない。

3.2 耐破壊性

高圧ガスシール部材の重要なゴム材料特性としての一つに耐破壊性が挙げられる。急激な減圧により引き起こされるゴム内部破壊[9]は，ゴム中にガスが侵入し，減圧によって脱離する際，ゴム内部に気泡が生成することでクラックに成長することがこれまでに示されている[10]。結果，ブリスタ破壊によりシール性が著しく損なわれることとなる。

ブリスタの評価では，急減圧プロセスが含まれる圧力サイクル試験などが実施されてきたが，ブリスタ発生の確認には試験機の分解や試料の切断を伴う為，気泡が発生した瞬間や内部クラックが進展する過程については評価が困難だった。

3.3 モデルゴムOリング

これら課題を無色透明のモデルゴムOリングを用いて，評価した事例[11][12]を紹介する。高圧ガスによる透過特性および耐破壊性を評価するにあたり，透過特性に顕著な違いが見込め，かつ適度に壊れて内部が観察可能なゴムOリングが必要となる。そこで代表的な合成ゴムであるEPDMゴム（エチレンプロピレンゴム）とシリコーンゴムを適用したモデルゴムOリングを選定し試作した。透明化のため補強材を添加せず，過酸化物架橋することで，ゴム内部が観察可能な透明色かつ低強度な架橋ゴムOリングを実現した。透明EPDMゴムとシリコーンゴムは，いずれもJISデュロメータAによる硬さ50である。JIS K6251規定の3号ダンベルによる引張試験により得られたヤング率は，EPDMとVMQともに2 MPaであり，破断伸びはEPDMゴムが150％，シリコーンゴムが700％である。

ゴム種，ガス種，減圧速度などの因子により，透過特性やブリスタ発生挙動がどのような影響を受けるのかを把握することで，ゴム材料の材料設計指針の知見を得ることができる。

4. ゴム材料の高圧ガス透過特性

ここでは，ゴム材料の高圧ガス透過挙動について紹介する。

透過特性は，ゴムシート状試験片を用いてJIS K6275-1記載の方法で得ることが可能であるが，高圧ガスの場合，ゴムシート試験片の破損や試験圧力保持の問題から測定自体が困難となる。本課題の解決策として，ここでは試験片をOリング形状とすることで測定を可能とした。ただし，Oリングの場合は，Oリングをつぶして組み付けることによりOリング断面が湾曲する。さらに，試験ガスにより加圧されるとOリング溝外周部に押しつけられ複雑な変形状態となる。受圧面積の算出やガス透過距離の適切な数値の算出方法が明確に定義されていないため，これら形状因子の見積もりが課題の一つである。ここでは形状因子を一定と仮定することで，ゴム種，ガス種の影響，およびブリスタ破壊との相対的な関係性を考察した事例である。

4.1 ガス透過係数

ゴムシート状試験片による場合のガス透過係数算出方法について記載するが，詳細は専門書[13)14)]にて確認していただくとし，ここでは簡単に述べることとする。

気体分子は，濃度差，圧力差，温度差などの駆動力の下でゴムシート試験片に収着，拡散し，もう一方の側へ透過する。気体分子がゴムシート試験片を透過する場合の基礎式はFickの第一法則で表現され，単位時間当たりに単位断面積を通過する物質の流れである物質流束Jは式(1)に定義される。

$$J = -D\frac{dC}{dx} \tag{1}$$

ここで，Dは試験片中における気体の拡散係数，Cは気体の濃度である。

ゴムシート試験片を溶媒，気体を溶質とし，気体の溶解度は圧力に比例するHenryの法則（$C = Sp$；S：溶解度係数）が成立するときに，式(1)は式(2)のように書ける。

$$J = -DS\frac{dp}{dx} = -Q\frac{dp}{dx} \tag{2}$$

ここで，透過係数Qは，拡散係数Dと溶解度係数Sの積で定義される試験片の形状によらない固有の係数である。

実験条件から決定される試験片板厚l，面積A，圧力差p（$\approx p_1 - p_2$）に加え，透過試験により求められる試験片を透過する時間tの気体の透過量qは式(3)で示される。

$$q = \frac{DSA(p_1-p_2)\cdot t}{l} = \frac{QA(p_1-p_2)\cdot t}{l} \tag{3}$$

$p_2 \approx 0$の場合，透過係数Qは式(4)に定義される。

$$Q = DS = \frac{l}{Ap}\cdot\frac{q}{t} \tag{4}$$

4.2 ガス拡散係数

また，試験開始から時刻tまでにゴムシートを透過する濃度c_1の気体総量qは，Fickの第2法則と非定常および定常状態の境界条件，関数変換によりゴム試験片内の気体濃度分布を示す式(5)が得られる。

$$q = DA\left\{\frac{c_1 t}{l} - \frac{c_1 l}{6D} - \frac{c_1 l}{6D}\sum_{n=1}^{\infty}\frac{12}{\pi^2}\frac{(-1)^n}{n^2}\exp\left[-\left(\frac{n\pi}{l}\right)^2 Dt\right]\right\} \tag{5}$$

tが十分大きい定常状態のとき，近似的に式(6)と表すことができる。

$$q = \frac{DAc_1}{l}\left(t - \frac{l^2}{6D}\right) \tag{6}$$

$q=0$ となる時刻 t，すなわち遅れ時間 t_D から拡散係数 D を推定することができる。

この方法が一般的に言われるタイムラグ法である。透過係数の定義から溶解度係数 S が解析でき，Henry の法則より S に差圧 p を乗じることでガス溶解量 C が得られる。

$$D = \frac{l^2}{6t_D} \tag{7}$$

4.3 Oリング試験片の高圧ガス透過特性

ゴムシート状試験片によるガス透過特性は，上述した通り透過実験で得られる透過曲線により求めることができる。Oリングの場合，試験片形状に起因する寸法・形状の課題を考慮する必要があるため，以下の仮定を行う。

仮定1

各試験条件における圧力および温度でOリングは形状および寸法変化しない。

高圧環境下においては，静水圧によるゴムの圧縮および溶解によるゴムの膨潤が確認されているが，ここでは寸法変化は無視できるレベルと仮定する。

仮定2

試験体ガスは高圧下でも理想気体である。

気体の状態方程式から標準状態（0℃，1気圧）の水素ガス透過体積（V）に換算するため，理想気体と仮定する。

各係数から示されるガス透過特性は，形状因子 α および β を用いて式(8)〜(10)となる。形状因子 α および β は定数で，定常域での傾き（dV/dt）および遅れ時間の逆数（$1/t_D$）が変数となり，規格化することにより相対的な関係を把握することができることになる。

$$Q = \frac{l}{Ap}\frac{dV}{dt} = \alpha \frac{dV}{dt} \tag{8}$$

$$D = \frac{l^2}{6t_D} = \beta \frac{1}{t_D} \tag{9}$$

$$S = \frac{Q}{D} = \frac{\alpha}{\beta}\left(\frac{dV}{dt} \bigg/ \frac{1}{t_D}\right) \tag{10}$$

4.4 Oリング試験片の高圧ガス透過特性評価

Oリングのガス透過特性の測定冶具を**図4**に示す。冶具下部より試験ガスを流入し、平面固定溝に組み付けた供試体Oリングで内圧をシールする構造である。供試体Oリング外周部に別途シール用Oリングが組み付けられており、供試体Oリングを透過した試験ガスは圧力の増加として圧力計で計測され**図5**に示すガス透過曲線が得られる。

条件下での透過試験を室温（25℃）で実施した。定常状態でのガス透過曲線を直線近似し、その近似直線の傾きおよび近似直線と時間軸の交点で表わされる遅れ時間から、ガス透過特性を相対的に把握することができることは上述したとおりである。

図6に、圧力10 MPa、室温（25℃）のヘリウムガスを用いて測定したEPDMゴムOリングとシリコーンゴムOリングのガス透過曲線を示す。シリコーンゴムの透過圧力増加の傾きは急勾配を示しており、透過が早いことが分かる。また、遅れ時間はEPDMゴムOリングでは32分、シリコーンゴムOリングでは4分であり、拡散もシリコーンゴムは早い。

同様に水素ガス、窒素ガスで得られたガス透過曲線からガス透過特性を算出しEPDMの水素ガスの場合の各係数で規格化した結果を**図7**にまとめた。

ガス透過特性は、EPDMゴムでは ヘリウム≈水素≫窒素の順で透過しやすい。シリコーンゴムではヘリウム≈水素≫窒素であり、水素ガスとヘリウムガスのガス透過係数は窒素ガスよりもEPDMゴムで約10倍、シリコーンゴムで約3倍大きい。また、ガス種によらずシリコーンゴムのガス透過係数はEPDMゴムよりも大きい。

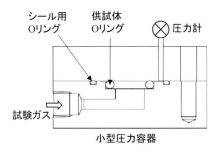

図4　Oリングガス透過試験冶具

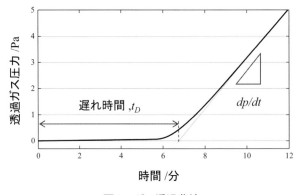

図5　ガス透過曲線

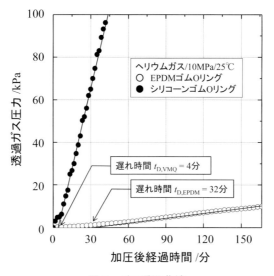

図6 ガス透過曲線

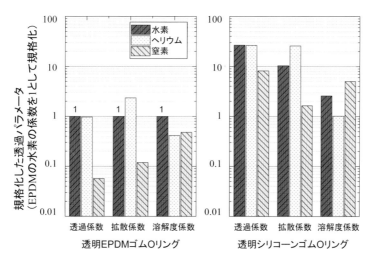

図7 規格化したガス透過特性

　ガス拡散特性は，EPDMゴムとシリコーンゴムともに，ヘリウム＞水素≫窒素の順で早く，水素ガスの拡散係数はヘリウムガス対比約半分，窒素ガス対比約10倍大きい。また，ガス種によらずシリコーンゴムのガス拡散係数はEPDMゴム対比約10倍大きい。

　ガス溶解度は，水素ガスのほうがヘリウムガスよりも高く，窒素ガスはゴム種によって異なることを確認した。

5. 高圧ガスによるゴム材料の破壊現象

　ここでは，高圧ガスによるゴム材料の破壊現象について紹介する。

　図8に示すガラス窓つきの特殊耐圧容器による，透明ゴムOリング内部に発生・成長するブリスタの観察事例である。観察結果に示す黒く見える部分が供試体Oリング，白い部分が圧力

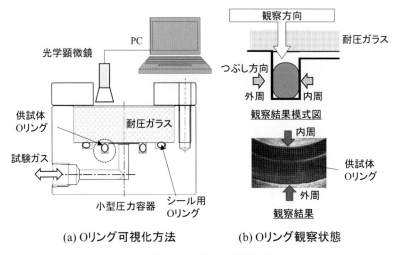

(a) Oリング可視化方法　　(b) Oリング観察状態

図8　ブリスタ可視化治具模式図

容器表面の金属で，観察範囲は供試体Oリングの一部分である。供試体Oリングは内外径方向から圧縮する円筒面シール構造で組み付けられ，Oリング片側（観察結果模式図では上部）から高圧ガスによって加圧される。室温25℃で10 MPaの水素ガス，ヘリウムガス，窒素ガスで所定時間加圧し，光学顕微鏡を用いて試験体Oリングの加圧保持→減圧→大気圧保持過程のゴムの状態を加圧面方向から観察した。ここで，減圧後のゴム材料内部に発生する気泡やクラックをブリスタと定義し，得られた知見について述べる。

5.1　ガス加圧曝露時間の影響

図9は，ヘリウムガス圧力10 MPaの遅れ時間および遅れ時間に対して半分，さらにその半分時間加圧曝露し，その後0.3秒で急激に減圧した時のそれぞれのゴムOリング内部を観察した結果である。EPDMゴム透明Oリングの場合，遅れ時間が32分であり，それぞれ16分と8分曝露。シリコーンゴム透明Oリングの場合，4分，2分，1分の曝露時間である。

EPDMゴムでは，加圧時間が遅れ時間と等しい場合にゴム内に気泡の発生を確認し，発生した気泡は徐々に消失する挙動を得た。曝露時間が短縮すると気泡の発生数が少ないことから，気泡の原因はゴム内に侵入したヘリウムガスが減圧により気泡になったものと言える。

シリコーンゴムは，EPDMゴムで観察されたような形態ではなく，Oリングが白濁し減圧後の時間経過に伴い透明に戻る挙動を得た。この白濁は微細気泡の集合体と考えられ，加圧曝露した時間に比例して白濁濃度が高く，EPDMゴムと比べ短時間で消失した。

加圧曝露時間が遅れ時間と等しい場合に，十分気泡の挙動を確認できることを確認したので，以降の試験では初期保圧として，遅れ時間加圧することとした。

5.2　減圧時間の影響

図10は，圧力10 MPaの水素ガス，ヘリウムガス，窒素ガス中でそれぞれの遅れ時間加圧曝露したEPDMゴム透明Oリングとシリコーンゴム透明Oリングを，曝露後30分かけて大気

第6節　ゴムシールの耐久性

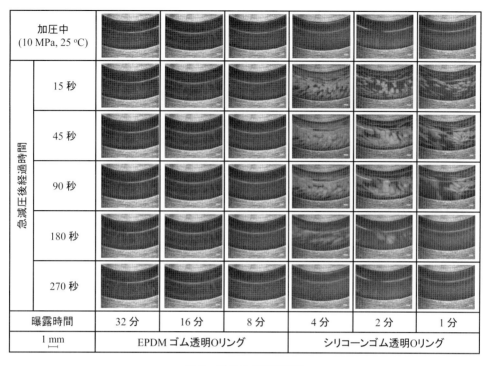

図9　ブリスタ観察結果
〜曝露時間の影響〜

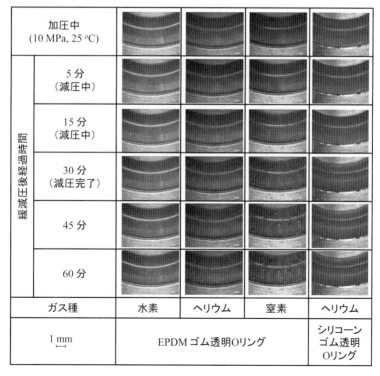

図10　ブリスタ観察結果
〜減圧時間の影響〜

圧まで減圧した際のOリングの様子を観察した結果である。EPDM ゴムにおいて，加圧ガスとしてヘリウムガスを用いた場合ブリスタの発生は認められなかった。水素ガスを加圧ガスとして用いた場合，減圧中である 15 分経過後にブリスタが発生し 30 分経過後に消失した。窒素ガスを加圧ガスとして用いた場合，減圧中である 15 分経過後にブリスタが発生し，時間経過とともに成長することが確認された。しかしながら，0.3 秒で急減圧したブリスタの発生状況と比較すると，損傷は軽微であり，ブリスタの発生に対して減圧速度の影響が大きいことが示唆された。ヘリウムガスを加圧ガスとして用いたシリコーンゴムでは，急減圧で見られた白濁が確認されず，Oリングの外観および内部に変化は認められない。

5.3 ガス種・ゴム種の影響

図 11 は，圧力 10 MPa の水素ガス，ヘリウムガス，窒素ガス中で曝露した EPDM ゴム透明Oリングとシリコーンゴム透明Oリングをそれぞれ遅れ時間加圧曝露し，0.3 秒で急減圧した際のOリングを観察した結果である。

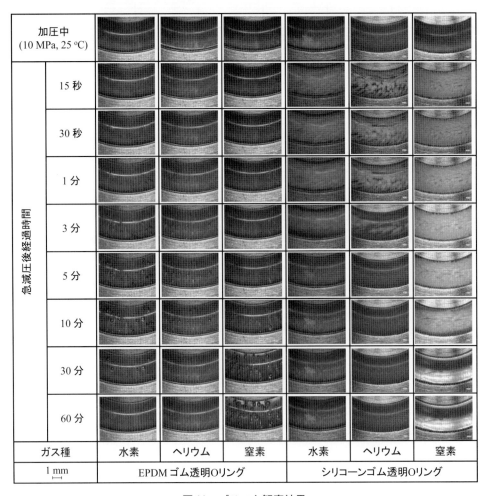

図 11　ブリスタ観察結果
〜ガス種・ゴム種の影響〜

EPDMゴムでは，全てのガスにおいて減圧後にブリスタが発生しているが，ブリスタ発生状況がガス種によって異なっている。減圧後，水素ガスとヘリウムガスに曝露したOリングにブリスタが発生し，減圧後5分経過までは水素ガスに曝露したOリングに発生したブリスタの数が多く，サイズも大きい。その後発生した気泡は，水素ガス曝露Oリングでは減圧60分後，ヘリウムガス曝露Oリングでは減圧30分後にブリスタは画像から観察できる上では消失した。窒素ガスに曝露したOリングでは，減圧後5分経過するとブリスタの発生が認められ，その後ブリスタの成長および継続した発生が観察された。ブリスタの消失はほとんど見られず，ゴム内部は破壊された。気泡の消失程度は，ヘリウム＞水素＞窒素であり，この傾向は，図7で示した拡散の傾向と同様である。

　シリコーンゴムでは，いずれのガスでも減圧後すぐに白濁が発生し，減圧後4分でヘリウムガスに曝露したOリングは透明な状態に回復した。次いで水素ガスが回復し，窒素ガスは減圧30分経過後まで白濁が残留したが，最終的には消失しEPDMゴムに見られたゴム破壊は目視では認められない。気泡の消失程度は，ヘリウム＞水素＞窒素であり，シリコーンゴムも図7の拡散の傾向と一致した。

　以上から，気泡の消失速度は拡散係数と大きく相関していることが明確となった。ただしブリスタ破壊はいずれの材料でも窒素が顕著であったが，溶解度で表わされる侵入量でみると，異なる傾向となった。破壊の進展挙動については，ガスの侵入量だけでは決定されないことも示唆された。

6. まとめ

　高圧の水素ガス，ヘリウムガス，窒素ガスで加圧保持→減圧→大気圧保持過程の状態を可視化することでブリスタの発生とその成長挙動は，ガス拡散係数と相関するという破壊メカニズムを確認した。水素機器用に用いられるゴムの透過特性および破壊現象は，以下のようにまとめられる。ただし，ここで評価したモデルゴム材料は可視化用に試作したもので，シール部材としては実使用には適用できないものである。現在，ここで紹介したような高圧水素ガスがゴムに与える影響の把握を進める一方で，次々に得られる知見をフィードバックしたゴムシール材料開発を推進している。

(1) ガス加圧曝露時間の延長に伴いゴム内部に気泡の発生数が増加したことから，気泡はゴム内に侵入したガスに起因している。
(2) ガス種のブリスタ発生への影響は，窒素＞水素＞ヘリウムの順で顕著にあらわれた。
(3) 減圧時間を長くする，あるいは減圧速度を遅くすることでゴムは破壊されにくくなることを明らかにした。
(4) 気泡の消失速度はゴム材料固有の特性である拡散速度に依存した。

文　献

1）津田総雄：日本ゴム協会誌, **67**, 339（1994）.
2）山本雄二, 關和彦（監修）　NOK株式会社（編）：初めてのシール技術, 17-48, 工業調査会（2008）.
3）NOK株式会社：Oリングカタログ
4）西村伸：日本ゴム協会誌, **86**, 360（2013）.
5）古賀敦：日本ゴム協会誌, **89**, 307（2016）.
6）燃料電池開発情報センター（編）：燃料電池技術, 日刊工業新聞社, 70-74（2014）.
7）B. J. Briscoe, T. Savvas and C. T. Kelly：*Rubber Chemistry and Technology*, **67**, 384（1994）.
8）古賀敦, 西村伸：トライボロジスト, **60**, 664（2015）.
9）J. Yamabe and S. Nishimura：*International Journal of Hydrogen Energy*, **34**, 1977（2009）.
10）J. Yamabe, A. Koga and S. Nishimura：*SAE International Journal of Materials and Manufacturing*, **2**, 452（2009）.
11）古賀敦, 山部匡央, 佐藤博幸, 内田賢一, 中山純一, 山辺純一郎, 西村伸：日本ゴム協会誌, **85**, 162（2012）.
12）A. Koga, T. Yamabe, H. Sato, K. Uchida, J. Nakayama, J. Yamabe and S. Nishimura：*Tribology online*, **8**, 68（2013）.
13）高分子学会（編）：高分子と水, 共立出版, 27-74（1995）.
14）バリア研究会（監修）, 永井一清編（著）：バリア技術, 共立出版, 17-82（2014）.

第3章 水素ステーションの安全対策

第7節　水素ステーションのリスク分析と安全対策

横浜国立大学　坂本　惇司　横浜国立大学　三宅　淳巳

1. はじめに

　環境負荷低減と安全・安心な水素エネルギー社会構築のため，様々な取り組みがなされているが，その中でも水素エネルギー社会構築の先駆けとして取り組まれているのが，水素を燃料とする燃料電池自動車（Fuel Cell Vehicle：FCV）およびFCVに水素を供給する施設である水素ステーションの社会実装である。

　わが国においては，2017年12月26日に開催された「第2回再生可能エネルギー・水素等関係閣僚会議」において，「水素基本戦略」[1]が決定され，内閣官房より公表された。「水素基本戦略」は，2050年を視野に将来目指すべきビジョンを示し，その実現に向けた2030年までの行動計画を示している。その目標として，従来エネルギー（ガソリンやLNG等）と同等程度の水素コストの実現を掲げ，その実現に向け，水素の生産から利用まで，各省にまたがる政策群を共通目標の下に統合している。経済産業省は，FCVの普及拡大に向けて，2017年6月9日に閣議決定した未来投資戦略[2]や2016年3月22日に改訂された水素・燃料電池戦略ロードマップ[3]に基づき，商用水素ステーションを2020年度までに160ヵ所程度，2025年度までに320ヵ所程度整備することを目指すことを明言している。経済産業省は，これまでにも管轄下の国立研究開発法人新エネルギー・産業技術総合開発機構（New Energy and Industrial Technology Development Organization：NEDO）において，数多くの水素関連のプロジェクトを実施し，FCVおよび水素ステーションの社会実装に貢献している。

　また，産業界においても，水素ステーションの本格整備を目的とした新会社を2018年春に設立すべく，水素ステーションの整備・運営を行うインフラ事業者，自動車メーカー，金融機関等の11社の間で契約が締結された。その目標として，①水素ステーションの戦略的な整備（事業期間を10年間と想定し，第一期の4年間で80基の水素ステーションを整備すること。目標整備基数を着実に達成するため，広く本事業への新規参入事業者を募ること。「水素ステーション整備計画」を策定し，日本全国でFCVが利用される環境を整備すること）。②水素ステーションの効率的な運営への貢献（FCVユーザー利便性の向上，水素ステーションのコストダウンや規制見直しへの対応）を掲げている。

　上述のように，FCVおよび水素ステーションの導入・普及に向け，産官の活動がますます活発化している。FCVおよび水素ステーションの社会実装は，地球規模の環境負荷の低減が図れるといった環境面への貢献が大きいが，それと同時に，水素ステーションの低コスト化といった水素関連事業者やユーザーの経済面，ユーザー／一般市民の利便性および安全性も考慮する必要があり，各ステークホルダーにとって，環境面，経済面，安全面のバランスの取れた社会実装が望まれる。水素ステーションのリスク評価についても，2017年6月9日に閣議決定した「規制改革実施計画[4]」における「⑦次世代自動車（燃料電池自動車）関連規制の見

直し」の37項目の見直し事項の一つに，「最新の知見を踏まえ，水素ステーションのリスクアセスメントを事業者等が有識者及び規制当局の協力を得て再実施するとともに，当該リスクアセスメントの結果に基づき，水素ステーション設備に係る技術基準の見直しを検討し，結論を得た上で，必要な措置を講ずる。」との項目があり，新技術や新材料等の開発に伴ったリスク評価の再実施および法規制の見直しの重要性を示している。

　水素ステーションは，オフサイト型（高圧水素，液化水素）とオンサイト型（LPG，有機ハイドライドなど）に分類され，さらにガソリンスタンドが同一敷地内にある水素ステーション併設型給油取扱所も存在する。それぞれのタイプの水素ステーションに対してリスク評価に基づいた法規制の整備がされ，現在ではオフサイト型の水素ステーションをはじめとして幾つかのタイプの水素ステーションが運用されている。筆者らは，これまでに液化水素貯蔵型[5]，有機ハイドライド型[6]，それらをガソリンスタンドと併設する場合[7)8)]といった幾つかのタイプの水素ステーションのリスク分析を行ってきた。本稿では，有機ハイドライド型水素ステーションのリスク分析を一例として取り上げ，水素ステーションの安全な運用のためのシナリオ分析，リスク分析，安全上重要な設備（Safety critical element：SCE）の抽出，およびSCEの目的や必要な性能等を記した性能規定書（Performance standard：PS）の作成について概説する。

2. HAZID study によるシナリオ分析

　シナリオ分析では，水素ステーションにおいて想定される事故シナリオを抽出し，その事故シナリオに対して有効な安全対策を明らかにする。さらに，重大な事故シナリオを抽出するために，事故シナリオの影響度と発生頻度を定性的に推定する。シナリオ分析の実施手法には幾つかの手法があるが，ここではHazard identification study（HAZID study）を用いた手法について紹介する。HAZID studyは，対象とする施設のモデルとガイドワードをもとに，ブレインストーミング形式により想定される事故シナリオを網羅的に抽出する手法である。その特徴として，人為的ミスや設備故障等の内的要因に加え，自然災害やテロ等の外的要因によるシナリオを抽出することが可能であり，他のシナリオ分析としてよく用いられるHazard and operability study（HAZOP），Failure mode and effect analysis（FMEA）等に比べて定性的ではあるが，より幅広い原因によるシナリオを抽出することが可能である。特に自然災害のように安全性に関する定量的な情報が得るのが難しい場合には，定性的な分析を行うことが適切である。

　上述の分析手法の特徴は，国際標準化機構（International organization for standardization：ISO）の規格であるISO31010：2009 Risk management-Risk assessment techniqueや，それに対応する日本工業規格（Japanese industrial standards：JIS）のJIS Q 31010：2012 リスクマネジメント-リスクアセスメント技法にまとめられているため，参照されたい。

2.1　水素ステーションのモデルの設定

　図1に，HAZID studyで用いた水素ステーションのモデルを示す。本ステーションのモデルは，有機ハイドライドをエネルギーキャリアとして用いたオンサイト型の水素ステーション

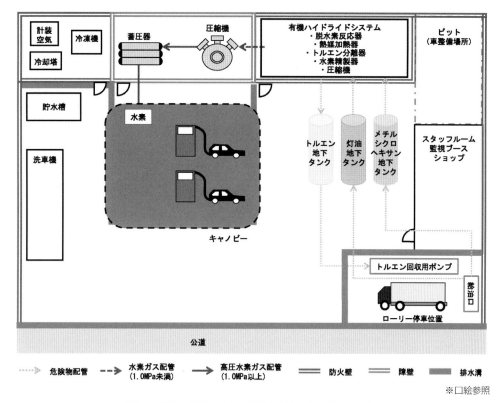

図1 有機ハイドライド型水素ステーションのモデル

である。具体的な水素の流れは，水素ステーション外において水素化反応によりトルエンに水素を付与したメチルシクロヘキサン（Methylcyclohexane：MCH）を水素のキャリアとして水素ステーションに輸送した後，水素ステーションの中で脱水素反応により水素を取り出す。取り出された水素は圧縮機により昇圧され，蓄圧器に一時的に保管される。その後，水素はディスペンサーでFCVに充填される。高圧水素の圧力は82 MPaを想定した。

2.2　ガイドワードの設定

表1に，HAZID studyで用いたガイドワードの例を示す。ガイドワードは，大別して外的要因と内的要因の2種類に分類される。外的要因のガイドワードは，水素ステーションの外部の要因によって事故に発展する可能性のあるガイドワードであり，具体的には，自然災害，もらい事故，犯罪・テロ等である。一方，内的要因のガイドワードは，設計ミスや操作ミス等の

表1　HAZID studyで用いたガイドワードの例

ガイドワードの分類		ガイドワードの例
外的要因	自然災害	地震，津波，高潮，洪水，落雷，雪，雨，雹，強風，竜巻，その他
	もらい事故	航空機/ヘリコプターの墜落，自動車の激突，近隣施設等の倒壊/爆発/火災，その他
	犯罪・テロ	意図的な破壊行為，放火，サイバーテロ，その他
内的要因	人為的ミス	隔離，アプローチ，避難，レイアウト，その他
	設備故障	発熱，停電，水/燃料油の供給停止，通信の停止，計装空気の停止，その他

水素ステーションの係わる人為的ミスや設備故障によって事故に発展する可能性のあるガイドワードである。ガイドワードの役割として，それ自身が事故の根本原因である場合だけではなく，ガイドワードから連想される事故の根本原因を想定することも可能である。

2.3 シナリオ分析

シナリオ分析の手順を以下に示す。ガイドワードに対して，事故の根本原因を連想し，原因に記述する。この原因からの進展事象および最終的な被害を結果に記述する。ガイドワード，原因，結果を考慮し，安全対策を考慮しない場合の影響度と発生頻度を推定する。影響度および発生頻度のレベルについては，表2および表3に示すように，それぞれ5段階および4段階のレベルで定性的に推定した[9]。本稿で用いた影響度について，影響度レベルと事故シナリオの結果との関係を記すと，レベル「5」は極めて重大な災害として爆発と規模の大きい火災（蓄圧器のジェット火災およびローリーからの大量漏洩によるプール火災等），レベル「4」は重大な災害として規模の小さい火災（蓄圧器以外のジェット火災およびローリー以外の漏洩によるプール火災等），レベル「3」は中規模の災害として中毒，窒息と火傷，レベル「2」は小規模な災害であるが，これに該当するシナリオは無く，レベル「1」は環境影響や機器不良等の軽微な災害とした。また，発生頻度については，レベル「4」は十分起こりえる頻度として地震や自動車衝突等，レベル「3」は起こりえる頻度として落雷等，レベル「2」は起こりにくい頻度として津波や近親施設の爆発等，レベル「1」は殆ど起こりえない頻度として航空機墜落等とした。次に，原因からの進展事象および最終的な被害を考慮し，有効であると考えられる安全対策を記述する。その後，安全対策を考慮した場合の影響度と発生頻度を推定する。安全対策の前後

表2 影響度のレベルと定義

影響度レベル		定義	
		人への影響	設備への影響
5	極めて重大な災害	周辺住民，歩行者の敷地外での死亡災害	敷地外の隣接建屋が全壊する程度の災害
4	重大な災害	顧客，従業員の敷地内での死亡災害	敷地外の隣接建屋が半壊する程度の災害
3	中規模な災害	敷地内外問わず，入院が必要な重傷災害	敷地外の隣接建屋の窓ガラスは大小に関わらず壊れ，窓枠にも被害が及ぶ程度の災害
2	小規模な災害	敷地内外問わず，通院が伴う災害	敷地外の隣接建屋一部の窓ガラスが破損する程度の災害
1	軽微な災害	敷地内外問わず，通院を伴わない軽微な災害	敷地外の隣接建屋に影響なし

表3 発生頻度のレベルと定義

発生頻度レベル		定義
4	十分起こりえる	ステーション設備の一生において複数回考えられる。およそ数年に一回程度，もしくはそれ以上。
3	起こりえる	ステーション設備の一生において1回程度は考えられる。およそ数十年に一回程度。
2	起こりにくい	ステーション設備の一生において起こりにくいと考えられる。およそ数百年に一回程度。
1	殆ど起こりえない	可能性はある。しかし，その可能性は極めて小さい。およそ数千年に一回，もしくはそれ以下。

第7節　水素ステーションのリスク分析と安全対策

の影響度と発生頻度を考えることにより，安全対策の効果を明らかにすることができる。

有機ハイドライド型水素ステーションを対象としたリスク分析としては，[2.1]および[2.2]で設定した水素ステーションのモデルとガイドワードをもとに，想定される事故シナリオを648件抽出した。表4に，その事故シナリオの典型例として地震による事故シナリオを示す。No.1の事故シナリオでは，ガイドワード「地震」により，脱水素反応器が破損し，トルエンが漏洩する事故シナリオを想定した。さらに，進展事象として，漏洩，着火，プール火災を想定し，人，設備の被災を最終事象として展開した。トルエンのプール火災は，敷地内での死亡災害が発生する可能性があるため，安全対策を考慮しない場合の影響度を「4」とした。また，日本においては地震が頻繁に発生するため，安全側に見積もり，発生頻度を「4」とした。安全対策としては，地震に対しては耐震設計が有効であることから，トルエンの漏洩に対しては緊急停止装置と遮断弁を設置することで進展事象を抑制することが可能であるとした。また，プール火災に対しては防火壁で火災の影響が拡大しないよう影響を低減することが可能であるとした。安全対策は，防火壁や大気拡散等の影響を低減させる対策と，緊急停止装置や遮断弁等の発生頻度を低減させる対策に分類し，表5に示す安全対策による影響度および発生頻度のレベルの下げ方により決定した。なお，安全対策によって効果の度合いは異なり，さらに安全対策同士が関連し作動する安全対策もあるが，今回は便宜上，その数により影響度と発生頻度

表4　HAZID studyによるシナリオ分析の例

No.	ガイドワード	原因	結果	安全対策前 影響度	安全対策前 発生頻度	既存の安全対策	安全対策後 影響度	安全対策後 発生頻度	アクション
		ガイドワードをベースに想定した事故シナリオの原因を記述	事故が発生した場合の結果を記述			該当事故シナリオに対する既存の安全対策を記述			対策や検討事項等議論された場合に追加される安全対策
1	地震	脱水素反応器の破損によるトルエンの漏洩	①漏洩 ②着火 ③プール火災 ④人，設備の被災	4	4	I. 設計時 (1) 緊急停止装置 (2) 遮断弁 (3) 耐震設計 (4) 防火壁 II. 建設時 III. 運転時 IV. 保全時	3	3	
2	地震	有機ハイドライドシステム内の圧縮機の破損による水素の漏洩	①漏洩 ②拡散 ③着火 ④爆発 ⑤人，設備の被災	5	4	I. 設計時 (1) 緊急停止装置 (2) 遮断弁 (3) 大気拡散 (4) 耐震設計 (5) 防火壁 II. 建設時 III. 運転時 IV. 保全時	3	3	
...	...	...	...	...	...	...	...	...	...
...	...	...	...	...	...	...	...	...	...

表5　安全対策による影響度および発生頻度のレベルの下げ方

対象シナリオ	安全対策による影響度および発生頻度のレベルの下げ方	
	影響度	発生頻度
爆発・火災	影響度低減対策 1, 2つ ➡ 1下げる 影響度低減対策 3つ以上 ➡ 2下げる	発生頻度低減対策 1, 2つ ➡ 1下げる 発生頻度低減対策 3つ以上 ➡ 2下げる
窒息・環境影響等	影響度低減対策 1つ ➡ 1下げる 影響度低減対策 2つ以上 ➡ 2下げる	発生頻度低減対策 1つ ➡ 1下げる 発生頻度低減対策 2つ以上 ➡ 2下げる

のレベルの下げ方を決定した。このルールに従って，安全対策を考慮した場合の影響度および発生頻度は，それぞれ1段階下がり，いずれのケースも「3」とした。以上のように，抽出した全ての事故シナリオに対して同様の分析を実施した。

3. リスクマトリクスによる評価

HAZID studyで抽出，分析した事故シナリオについて，リスクマトリクスを用いて安全対策前後の影響度と発生頻度の定性的な評価を行った結果を図2に示す。図2より，安全対策によって，影響度と発生頻度が低減していることが分かる。この定性的な評価では，安全対策後においても影響度および発生頻度が高い事故シナリオの内，有機ハイドライド型水素ステーション特有の事故シナリオを抽出した。

有機ハイドライド型水素ステーション特有の事故シナリオの中で特徴的な3つのシナリオを図3に示す。シナリオ①は，有機ハイドライドシステムと高圧水素設備（圧縮機，蓄圧器）の

安全対策前		発生頻度			
		1	2	3	4
影響度	5	0	89	173	142
	4	0	31	62	52
	3	0	15	27	35
	2	0	0	0	0
	1	0	0	7	15

安全対策後		発生頻度			
		1	2	3	4
影響度	5	0	4	4	1
	4	65	100	96	36
	3	93	95	69	2
	2	19	23	6	5
	1	8	9	3	10

図2　リスクマトリクスによる安全対策前後の影響度と発生頻度の定性的評価

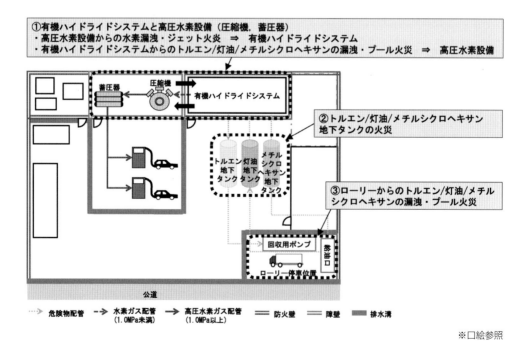

図3　有機ハイドライド型水素ステーションの特徴的な事故シナリオ

それぞれの事故が互いに影響を及ぼし合う事故シナリオである。この原因として，自然災害等の外的要因と設備故障や人為的ミスの内的要因の多くの原因が考えられた。シナリオ②は，トルエン，灯油，MCHの地下タンクで発生する火災である。この原因として，放火等のテロ行為によるものやタンク洗浄等での人為的ミスの原因が考えられた。シナリオ③は，トルエン／MCHローリーおよび灯油ローリーからの漏洩によるプール火災である。この原因として，交通事故等の人為的ミスや設備故障が考えられた。これらの事故シナリオについては，必要に応じて，その影響度や発生頻度を詳細に分析することにより，安全対策の策定に繋げることが可能である。

4. 水素ステーションの安全対策
4.1 安全上重要な設備（SCE）の抽出

　安全上重要な設備（Safety Critical Element：SCE）は，HAZID studyで抽出した事故シナリオの内，影響度レベルが最大レベル「5」となる重大なシナリオの影響または発生頻度を軽減する安全対策と定義し，SCEの抽出を行った。その結果，有機ハイドライド型水素ステーションにおけるSCEとして，以下の17種類の安全対策が抽出された。すなわち，①安全弁，②火炎検知器，③ガス検知器，④換気，⑤緊急停止装置，⑥緊急離脱カプラー，⑦材料選定，⑧遮断弁，⑨障壁，⑩設備間距離，⑪大気拡散，⑫耐震設計，⑬二重殻構造，⑭排水溝，⑮避雷針，⑯防火壁，⑰漏洩検知器（五十音順）である。**表6**に，抽出した17種類のSCEの説明と水素ステーションにおける設置箇所を示す。本シナリオ分析で考慮した安全対策は，全てわが国の法規制で定められているものであり，その中から，より重要な安全対策をSCEとして抽出した。

4.2 性能規定書（PS）の作成

　性能規定書（Performance Standard：PS）は，安全対策の目的，安全対策が有効に作用すると考えられる事故シナリオと機能（安全対策の有効性），設置が必要であると考えられる設備（該当する設備），必要とされる性能（要求性能），法令で定められている性能（法令の性能），実際の状態（現状），機能の維持方法を取りまとめたものである。必要であれば，影響度や発生頻度を詳細に分析し，要求性能をより明らかにし，法令の性能と比べることで，法規制の見直しに資する情報を得ることも可能である。また，SCEが担保している事故シナリオを明らかにすることに加えて，SCE自体が他のSCEに依存している場合もあり，その依存性も明らかにした。

　PSの作成は主に設計者が担当するが，その際にPSの各項目がチェックリストとなって設計の内容が整理され再確認されるため，設計上の矛盾や検討不足などの問題点が見つかることも少なくない。このため，PSを作成すること自体が設計レビューの役割を果たしている。また，PSは，作成後に運転担当者や保全担当者へ引き継がれ，運用計画や保全計画を作成する上で必要な情報を設計，運転，保全を通じて一元的に管理する役割も担っている[10]。

　上述のように，PSの作成およびその情報は，水素ステーションの設計時の安全対策の設置指針および運用時の保守点検に使用することが可能である。

第3章 水素ステーションの安全対策

表6 SCEの説明と設置箇所

安全対策	説明	設置箇所
①安全弁	上昇した圧力を逃がす措置	・有機ハイドライドシステム ・高圧水素関連設備
②火炎検知器	火炎を検知する措置	・水素ディスペンサー上部 ・蓄圧器
③ガス検知器	可燃性ガスおよび可燃性蒸気を検知する措置	・水素ディスペンサー上部 ・有機ハイドライドシステムの制御盤 ・高圧水素関連設備
④換気	可燃性ガスが燃焼範囲に入るのを防ぐ措置	・高圧水素用圧縮機
⑤緊急停止装置	計測器または検知器により異常を感知した場合に、装置自体を直ちに停止する措置	・電気で作動する設備（蓄圧器本体は除く） ・ローリー
⑥緊急離脱カプラー	ディスペンサーホースに負荷がかかった場合に、ホースの損傷を防ぎ、ディスペンサーの倒壊および水素の大量漏洩を防ぐ措置	・水素ディスペンサー
⑦材料選定	高圧水素関連設備における水素脆化による設備の損傷を防ぐ措置	・高圧水素関連設備 ・高圧水素用配管
⑧遮断弁	圧力、流量、温度異常の検知により、可燃性液体および可燃性ガスの配管内輸送を遮断する措置	・有機ハイドライドシステム ・高圧水素関連設備 ・ローリー
⑨障壁	敷地内外の爆風圧による設備の損傷を防ぐ措置	・蓄圧器および高圧水素用圧縮機の周辺
⑩設備間距離	隣接する設備へ及ぼす火災による輻射熱および爆発による爆風圧の影響を抑制する措置	・全ての設備
⑪大気拡散	可燃性蒸気および可燃性ガスが滞留することを防止する措置	・室外設置してある装置および配管
⑫耐震設計	地震による設備の損傷を防ぐ措置	・全ての設備
⑬二重殻措置	可燃性液体が漏洩した場合、地下タンク内で可燃性液体を留めておく措置	・MCHおよびトルエン地下タンク
⑭排水溝	可燃性液体のプール形成および敷地外への拡大を防ぐ措置	・ローリー停車位置の周辺 ・水素ディスペンサー周辺 ・公道との敷地境界
⑮避雷針	落雷による設備の損傷を防止する措置	・キャノピー
⑯防火壁	敷地内外の火災による人および設備が損傷することを防ぐ措置	・公道側を除くステーション全体 ・有機ハイドライドシステム周辺
⑰漏洩検知器	可燃性液体の漏洩を検知する措置	・MCHおよびトルエン地下タンク

表7に、[4.1]で抽出した17種類のSCEの内の1つである水素用ガス検知器のPSを一例として示す。水素用ガス検知器は、火災および爆発、また、その被害を防ぐために、水素ガスおよび水素蒸気を検知し、警報を鳴らすとともに、遮断弁や緊急停止装置などで水素ガスおよ

表7 ガス検知器（水素）のPS

安全対策の名称	ガス検知器（水素）			
安全対策の目的	火災および爆発、また、その被害を防ぐために、水素ガスおよび水素蒸気を検知し、警報を鳴らすとともに、遮断弁や緊急停止装置などで水素ガスおよび水素蒸気の漏洩を防ぐ			
安全対策の有効性	自然災害、もらい事故、犯罪・テロ、人為的ミス、設備故障に起因する水素ディスペンサー、有機ハイドライドシステム、高圧水素関連設備の破損に伴う水素漏洩を検知し、事故の発生頻度を低減する。			
該当する設備	水素ディスペンサー上部、有機ハイドライドシステムの制御盤、高圧水素関連設備			
性能	要求性能	法令の性能	現状	機能の維持方法
機能性 信頼性 残存性	・水素を検知し、警報を鳴らすとともに、遮断弁と緊急停止装置を作動させる。 ・所定の耐震性能を有する。 ・所定の環境性能（適切な場所に設置されていること）を有する。	高圧ガス保安法規集第14次改訂 ・第7条の3第1項第7号 ・第7条の3第2項第16号 高圧ガス保安法令関係例示基準資料集（第7次改訂版） 23. ガス漏洩検知警報設備及びその設置場所	（現在の時点（設計時、運用時等）での該当する安全対策の状況について記載する。）	（安全対策の機能を維持する保守運用方法について記載する。）
依存性	ガス検知器（水素）⇒警報、ガス検知器（水素）⇒遮断弁、ガス検知器（水素）⇒緊急停止装置			
備考				

び水素蒸気の漏洩を防ぐための設備であり，安全担保に不可欠である。PSにおいては，そのSCEとしての機能を適切に維持するために要求される性能を規定している。

5. まとめ

　本稿では，水素ステーションのリスク分析と安全対策について，存在する水素ステーションのタイプの内，有機ハイドライドライド型水素ステーションのリスク分析を一例として取り上げ，水素ステーションの安全な運用のためのシナリオ分析，リスク分析，安全上重要な設備（SCE）の抽出，およびSCEの目的や必要な性能等を記した文書である性能規定書（PS）の作成について紹介した。

　先端技術システムの安全性評価においては，計画初期段階からの検討が必要であり，さらに，導入，普及の各段階での情報をフィードバックし，常に安全性向上を図るスキームが必要である。一方，水素ステーションは，高圧ガス製造施設であるとともに，一般ユーザーがFCVに水素を供給するために市街地に設置される製品施設の役割ももつことから，その安全性評価にあたっては水素ステーションそれ自身の有するリスクの適切な把握とともに，健全な技術システムに位置づけられる様，地域社会におけるステークホルダーである事業者，市民，行政のそれぞれがリスク情報を共有し，それぞれにとって望ましい形で社会実装を行えるよう社会的側面も考慮した総合リスクの検討が望まれる[11]。

謝　辞

　本章で紹介した内容の一部は，消防防災科学技術研究推進制度「水素スタンド併設給油取扱所の安全性評価技術に関する研究」（2014～2015年度），および内閣府総合科学技術・イノベーション会議の戦略的イノベーション創造プログラム（SIP）「エネルギーキャリア」（管理法人：JST）の「エネルギーキャリアの安全性評価研究」（2014～2018年度）によって実施されたものであり，ここに記して謝意を表する。

文　献

1) 内閣官房，再生可能エネルギー・水素等関係閣僚会議：水素基本戦略(2017).
2) 未来投資会議：未来投資戦略(2017).
3) 水素・燃料電池戦略協議会：水素・燃料電池戦略ロードマップ(2016).
4) 内閣府：規制改革実施計画(2017).
5) S. Kikukawa, H. Mitsuhashi and A. Miyake：*Int'l J. Hydrogen Energy*, 34(2), 1135 (2009).
6) J. Nakayama, H. Misono, J. Sakamoto, N. Kasai, T. Shibutani and A. Miyake：*Int'l J. Hydrogen Energy*, 42(15), 10636 (2017).
7) J. Nakayama, J. Sakamoto, N. Kasai, T. Shibutani and A. Miyake：Proc. 11th Global Congress on Process Safety, Austin, 138 (2015).
8) J. Nakayama, J. Sakamoto, N. Kasai, T. Shibutani and A. Miyake：*Int'l J. Hydrogen Energy*, 41(18), 7518 (2016).
9) S. Kikukawa, F. Yamada and H. Mitsuhashi：*Int'l J. Hydrogen Energy*, 33(23), 7129 (2008).
10) 上田邦治：安全工学, 52(4), 231 (2013).
11) 三宅淳巳：新装増補 リスク学入門第5巻「科学技術から見たリスク」，岩波書店 (2012).

第3章 水素ステーションの安全対策

第8節　光学的手法による水素検知技術の開発

株式会社四国総合研究所　朝日　一平　株式会社四国総合研究所　杉本　幸代

1. はじめに

　我が国は，元来化石燃料をはじめとした天然資源に恵まれず，1次エネルギーのほぼすべてを海外からの輸入に頼っている。更には，2016年11月に発効されたパリ協定を受け，深刻化する地球温暖化問題に対し，エネルギー安全保障の確保と温室効果ガスの排出削減の課題を同時並行で進めることが求められている。水素は，炭素分を含まないため二酸化炭素を排出することがなく，エネルギーキャリアとして再生可能エネルギー等を貯蔵，運搬，利用することができるため，これらの課題を解決する次世代エネルギーとして大いに期待されている[1]。

　現在，各種国家プロジェクトとして水素関連技術の研究開発が強力に推進されていることに加え，大手自動車メーカによる燃料電池自動車の販売や，これに伴う商用水素供給ステーションの運用が開始されるなど，水素エネルギー利用に向けた取り組みがより現実的な形で進められている。また，水素社会実現に向け，国民の理解を深めるとともに諸外国へ我が国の先進的な取り組みを発信する絶好の機会として，2020年東京オリンピック・パラリンピック競技大会では，燃料電池バスの導入や，選手村での水素利活用が計画されている。一方で，水素エネルギーの普及・拡大を左右する一つの要因として，水素に対する社会的受容性の向上が挙げられる[2]。このためには，水素の運用にかかる保安技術の向上，即ち水素検知技術の高度化が有効な手段となる。

　これらを背景として，筆者らは水素関連施設の安全運用の高度化を目的に，光による水素検知技術の開発を進めている。光学的手法を用いることにより，水素に対する高い選択性を備えた高速・非接触計測が実現されると共に，空間的な濃度分布の計測や水素ガスの可視化が可能となる。

　本稿では，光計測技術を用いた水素ガス・水素火炎の可視化或いは計測技術の開発とその応用事例について解説する。

2. 水素ガス計測技術の開発
2.1　原理

　光学的にガスを検知する手法は，分子に光を照射した際に生じる吸収，散乱，蛍光などの光-分子相互作用を観測することにより，分子種や濃度を特定するものである。現在市販されている光学式ガス分析計等の多くは，ガスによる光の吸収や蛍光を捉える手法を用いているが，水素分子を対象とした場合，これらを適用することは困難である。これは水素分子が可視-赤外波長域に光吸収を示さないことによる[3]。一方，水素分子は強いラマン効果を示す。図1にラマン効果の概念を示す。

　ラマン効果は，分子に光を照射した際の光子と分子との相互作用により，照射光の波長と異

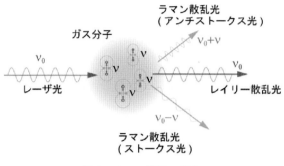

図1 ラマン効果の概念

なる波長の光が散乱光（ラマン散乱光）として発生する現象である。分子に光を照射すると光散乱が生じ，その大部分は入射光と等しい波長の光として散乱される（レイリー散乱）が，ごくわずかにラマン散乱光が含まれる。入射光波長に対するラマン散乱光波長のシフト量（ラマンシフト）は，分子の内部エネルギーに依存した固有の値であり，入射光に対し長波長側にシフトしたラマン散乱光をストークス光，短波長側にシフトしたものをアンチストークス光と称する。特に断りのない限り本稿におけるラマン散乱光はストークス光を指すものとする。**表1**に水素と大気主成分である窒素及び酸素のラマン散乱に関する諸特性を，**図2**に同ラマンスペクトルを示す。

表1 水素，窒素，酸素のラマンシフトとレーザ波長 355 nm に対するラマン散乱波長[4]

ガス種	ラマンシフト [cm^{-1}]	ラマン散乱波長 [nm]	N$_2$（Qブランチ）に対する ラマン散乱断面積比
H$_2$	4160	416.1	3.1
N$_2$	2331	386.7	1.0
O$_2$	1556	375.4	1.6

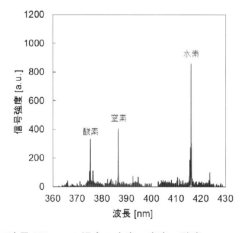

図2 レーザ波長 355 nm の場合の水素，窒素，酸素のラマンスペクトル

同じ強度の光を照射した場合に生じるラマン散乱光の強さは分子ごとに異なり，表1におけるラマン散乱断面積比の値がその指標となる。水素分子は他の分子と比較してラマン散乱が強く発生することがわかる。図2に示すように各ガスのラマン散乱光は異なる波長であるため，大気中に漏洩した水素ガスを検知する場合，水素分子によるラマン散乱光を光学フィルタ等を用いて選択的に捉えることにより，大気成分と十分に分離識別して水素のみを検出することができる。また，入射光強度に対するラマン散乱光強度は分子の密度に比例することから，観測された光強度から濃度を特定することができる。このように，ラマン効果を用いる計測手法は，水素との相性が非常に良く，光計測の特徴である高速応答・非接触計測を実現することができることから，従来の水素検知技術に対し大幅な高度化が期待できる。当社（㈱四国総合研究所）は，当該原理に基づき，様々な形態でラマン散乱光を捉えることにより，以下に示す水素ガスの非接触・遠隔計測及び可視化等の新たな計測技術を確立した。

2.2 光学式水素ガスセンサ

現在，水素関連施設において漏洩ガスモニタリングを目的として設置されている水素ガスセンサは，接触燃焼式や半導体式に代表されるいわゆる接触式ガスセンサ[5][6]であり，小型・低コストである一方，応答速度が遅いことや，干渉ガスにより誤報が発生すること，防爆の観点では着火源になりうることなど，改善すべき課題がある。これに対し筆者らは，水素のラマン散乱光を捉える手法を応用し，水素への選択性や応答性に優れ，測定部に電気系を一切含まない水素検知技術を開発し，その機能を運搬可能なコンパクトサイズに収めた小型光学式水素ガスセンサを開発した[7]。

2.2.1 装置構成

本装置の構成を図3に示す。

本センサは，光源や光検出器等を内蔵したシステム本体（寸法 W400×D450×H15 mm）と，計測点に設置しレーザ光の照射とラマン散乱光の集光を行うセンサチップ（寸法 W30×D20×H30 mm），得られた光信号からガス濃度を求めリアルタイムに表示する表示部（任意のPC）から構成される。本体とセンサチップは光送信用，受信用の2系統の光ファイバにより接続し，

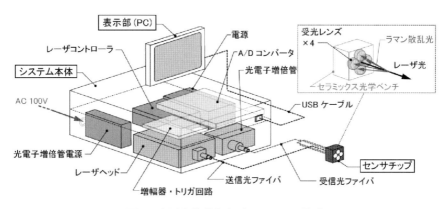

図3 小型光学式水素ガスセンサの構成

レーザ光の送信とラマン散乱光の受信を行う。光源として小型半導体励起 Nd：YAG レーザ（波長 355 nm）を用い，照射されたレーザ光は送信光ファイバを介しセンサチップへ伝送される。センサチップ先端からレーザ光を照射し，センサチップ先端から約 30 mm の位置で発生したラマン散乱光（波長 416 nm）をレンズにより集光し，受信光ファイバにより受光器へ導き測定を行う。ラマン散乱光は非常に微弱な光であるため，受光器として光電子増倍管（PMT）を用いてその強度を測定する。また，光電子増倍管の前段に光学フィルタを配置し，水素ガスのラマン散乱光を選択的に受光している。

センサチップは光送受信用の石英製レンズとセラミックス製の筐体で構成され，電気系を一切含まないエレクトリックフリー構造となっている。また，耐熱光ファイバを用いることで，高温環境下における計測が可能となる。

2.2.2　計測結果事例

図4に，本センサを用いて，セル内導入した水素混合ガス（バランスガス：窒素）中の水素ガス濃度の計測結果事例を示す。

図4(a)は本実験により得られた水素・窒素混合ガスによる信号波形，図4(b)はガスセル内の水素ガス濃度を変化させて取得したラマン散乱信号強度である。本システムでは，光源にパルスレーザ光を用いている。これにより，ns オーダの極短時間に生じる非常に高い光出力で対象分子を励起することができ，より強いラマン散乱光を発生させることができる。このため，PMTにより取得した信号は図4(a)に示すようにパルス光の時間波形となり，横軸の時間は，オシロスコープに代表される波形取込み装置のトリガからの経過時間を示す。光学フィルタにより背景光やレーザ光に由来する外乱光成分が十分に遮断されている場合，得られた時間波形のピーク値，または積分値は対象分子濃度と線形の相関を示す。図4(b)は時間波形ピーク値の水素ガス濃度依存性を示すものであるが，相関係数 0.99 以上の良好な線形性が得られ

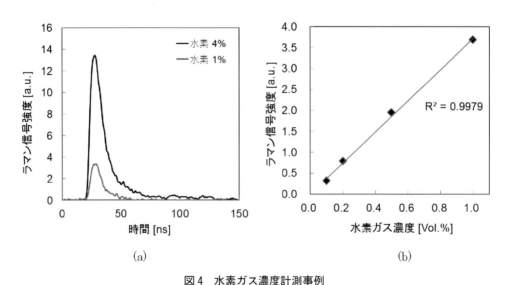

図4　水素ガス濃度計測事例
(a) 水素混合ガスのラマン散乱信号波形，(b) ラマン散乱信号の水素ガス濃度依存性

ていることがわかる。また，本事例における水素ガス検出限界は1000 ppmである。なお，計測環境によっては，外乱光を完全に遮断できないケースが生じる。この場合，事前に取得した背景光強度との差分を取ることにより，或いは，センサチップの一つのチャンネルを背景光強度のモニタリングに使用することにより，正確な水素濃度を得ることができる。

2.2.3 今後の展開

本センサは，次世代水素ステーションにおける水素ガス漏洩監視を目的とした研究開発において，製品モデルの開発を完了し，現在事業化に向けた各種活動を進めている。また，本センサは水素に限らず，多くの気体分子に適用可能であることから，高温炉内等の特殊環境における各種ガスの非接触計測技術として応用研究を進めている。

2.3 水素ガス濃度遠隔計測

水素関連施設において，監視区域内の水素漏洩検知装置が発報した際は，検漏液や吸引式水素ガスセンサを携帯したオペレータが危険区域内に立ち入り，漏洩箇所の探査を行っている。より安全性を高めるためには，遠隔から水素ガスを検知し，漏洩箇所が特定できる技術が必要である。

2.3.1 計測手法と装置構成

一般に，レーザを用いて大気中の微粒子や分子の各種計測と測距を行う手法はLIDAR（Light Detection and Ranging）計測と呼ばれる。これは，観測空間中にパルスレーザ光を放射し，対象物質による散乱光等の応答（LIDARエコー）を望遠鏡により受光し，レーザ照射の時間からエコー検出までの時間から対象物質までの距離を，エコー強度から対象物質の濃度を計測するものであり，大気観測等の大規模な計測に広く応用されている[8]。図5に示すように筆者らは，本来～数十キロメートルオーダの大規模観測に用いるLIDAR技術を10 m程度の近距離を対象としてアレンジし，LIDARエコーとして水素のラマン散乱光を捉えることにより，遠隔から水素ガスを検知し，空間濃度分布が計測できる技術を確立した[9) 10)]。

図6に水素ガス濃度遠隔計測装置の光学系構成を示す。光源に，波長349 nmの半導体レー

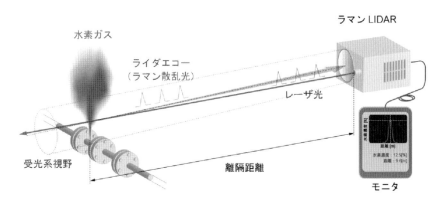

図5　水素ガス濃度遠隔計測装置の概念

第3章 水素ステーションの安全対策

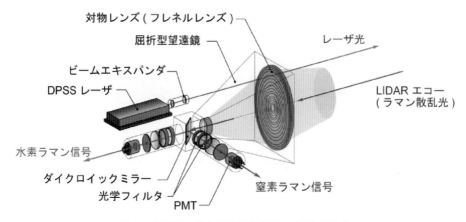

図6 水素ガス濃度遠隔計測装置の光学系構成

ザ励起固体レーザ（DPSSL：Diode pumped solid state laser）を用いた。レーザ光は石英レンズ二枚で構成されるビームエキスパンダによって拡大することで，人の目に安全な光密度で観測空間に放射する。水素分子が存在するとラマン散乱光（波長 408 nm）が生じ，これを望遠鏡により集光し，光学フィルタによる波長選択の後，光電子増倍管（PMT）により検出する。望遠鏡には様々な形式が存在するが，ここではレンズ系から成るガリレオ式望遠鏡の構成を採用し，対物レンズに紫外光透過率が高い特殊な樹脂により製作されたフレネルレンズを用いることで，大幅な軽量化を実現している。本装置では，前項に示した光学式水素ガスセンサの場合と同様に，光源にパルスレーザを用いるが，本装置ではレーザの照射からラマン散乱光検出までの時間を計測することにより，水素分子が存在する位置や空間的な分布を特定することができる。水素ガス濃度は，水素ラマン散乱光信号の強度から求められる。得られたラマン信号にはレーザ光強度の揺らぎや，光学系配置のずれなど，時間的に変化する要因が含まれ，これらは計測精度を低下させる原因となる。ここでは，大気中における窒素のラマン信号を同時に計測し，これらの要素を補正することにより，正確な濃度計測を実現している。

　本技術を基に開発した水素ガス濃度遠隔計測装置の一例を図7に示す。

　本装置は，ヘッド部（寸法 W370×D440×H220 mm），制御・信号処理部（寸法 W420×D250×H540 mm），及び計測結果をリアルタイム表示するタブレット PC 等のポータブル端末により構成される。

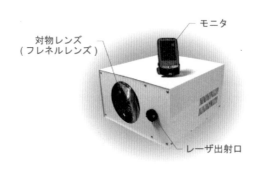

図7 水素ガス濃度遠隔計測装置の外観

2.3.2 計測結果事例

図8に，大気中への漏洩を模擬した水素ガスの計測結果事例を示す。

左図はラマン散乱光信号の表示モードであり，計測中の大気中の窒素及び水素のラマン信号を示している。これに基づき，右図のように観測空間における水素ガスの濃度分布が計測・表示される（事例では8.7 m先に濃度17.0%の水素ガスの存在が示されている）。

2.3.3 今後の展開

本技術は，水素ステーションをはじめとする水素関連施設における漏洩水素ガス検知を目的とする研究開発の中で，昼間屋外環境において8 mの遠隔から1%以下の水素検知が可能な装置の試作が完了し，本成果を基に製品化に向けた研究開発を進めている他，高圧水素噴流など，特殊条件下における水素ガス濃度分布計測試験等に応用し，成果を上げている。

2.4 水素ガス可視化・空間濃度分布計測

水素ガスの流体としての移流や拡散挙動を明らかにすることは，水素の物性に関する研究はもとより，水素貯蔵施設における大規模漏洩対策の検討など，貯蔵・輸送に係る保安技術に関する研究開発の観点からも極めて重要である。筆者らは，レーザ光の照射により発生するラマン散乱光を画像として捉えることにより，水素ガスの拡散挙動を可視化する技術を確立した[11]。

2.4.1 装置構成

図9に水素ガス可視化装置の構成例を示す。

図9に示す事例は，ノズルから大気中に放出された水素ガスの自由噴流に対し，シート状に整形したレーザ光（波長355 nm）を照射し，水素ガスから生じるラマン散乱光をレーザ光軸の直角方向からICCDカメラにより撮影することで，水素噴流の拡散挙動を可視化するものである。ICCDカメラは，一般的なCCD光検出器にイメージインテンシファイアによる光増幅機能が付加された超高感度カメラである。ICCDカメラに入射した光は，MCP（マイクロチャンネルプレート）により光-電子変換され，ICCDカメラによる露光に際し，光学フィルタを

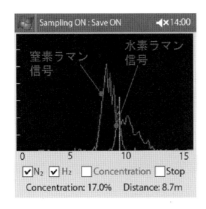 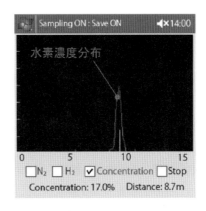

図8 水素ガス濃度遠隔計測結果事例
（左：水素及び窒素のラマン散乱信号，右：水素ガス濃度の分布）

第3章 水素ステーションの安全対策

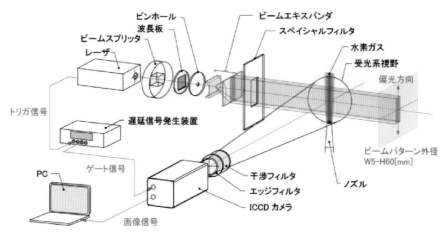

図9 水素ガス可視化装置の構成例

用いて水素のラマン散乱光のみを選択的に捉えることで，大気成分や背景光と分離して鮮明な水素ガスの可視化画像を得ることができる。

2.4.2 計測結果事例

図10に，放出流量を10 L/min，30 L/minとした場合における水素噴流のシャドウグラフ画像と本技術により得られた水素のラマンイメージ及び，ラマンイメージから求められる水素ガス濃度空間分布をそれぞれ示す。

光学的にガスを可視化する手法としては，様々な原理が用いられており，例えば図10左に示すように，ガスの流れに伴う光学的な屈折率変化を捉えるシャドウグラフ法を用いることでも，水素噴流の挙動を可視化することができ，これにより定性的な評価を行うことは可能である。これに対し，ラマンイメージ（図10中）では，水素噴流の挙動が可視化されることに加え，撮像素子であるCCDの各ピクセルにより，対応する観測空間中の一点における濃度が計測され，画像全体として観測空間的全域の水素ガス濃度分布が計測されるため，定量的な評価を行うことが可能となる（図10右）。微粒子や特殊な雰囲気ガスを要さず，水素分子のみを選択して可視化することができる技術は，現在のところ当該技術のみである。

2.4.3 今後の展開

当該技術は，水素噴流の挙動に関する研究開発や，物体内部の水素ガス拡散挙動の観測等に調査事業に応用され，大きな成果を上げている。今後も同種の調査事業，研究開発事業への適用が見込まれている。

2.5 CARSを用いた水素ガス検知

これまでに述べた水素ガス計測手法は，水素ガスから生じるラマン散乱光のうち光源より長波長側に散乱されるストークス光を捉えるものであり，水素ガスを非接触で検知する手法として非常に有効な手法である。しかしながら，漏洩箇所の背後直近に壁や配管などが存在する場

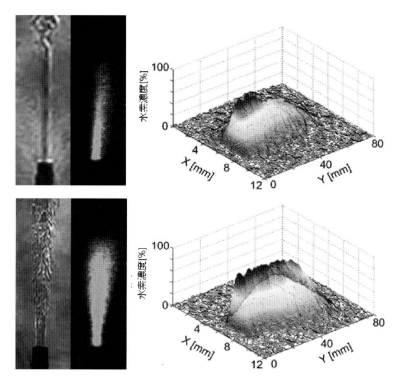

図10 水素ガス自由噴流のシャドウグラフイメージ(左)とラマンイメージ(中)及び空間濃度分布(右)計測事例(上:10 L/min,下:30 L/min)

合,それらの物体にレーザ光が照射されることにより発生するレーザ誘起蛍光が,ストークス光と同じくレーザ光より長波長側に発生するため,非常に微弱であるラマン散乱光の検出が困難となる。一方,ラマン散乱光のうち,レーザ光より短波長側に発生するアンチストークス光(図1)を計測することで,レーザ誘起蛍光の影響を受けることなく水素ガス検知を行うことができる[12]。

2.5.1 計測原理

アンチストークス光を常温,大気圧下で発生させるために,ここではCARS(コヒーレントアンチストークスラマン散乱法)を用いた。CARSは,広く使用されている非線形光混合法であり,ポンプ光と同時に計測対象分子のストークス光を照射することにより,分子からアンチストークス光を効率的に得る手法である[13]。本研究ではストークス光源として水素ガスを高圧充填したラマンセルを用いた。また,CARSにより発生するアンチストークス光の強度は水素ガスの分子密度即ち水素ガス濃度の2乗に比例する[14]。

2.5.2 装置構成

図11にCARS法による水素ガス検知実験における装置構成を示す。光源としてNd:YAGレーザの第3高調波(波長355 nm,パルスエネルギー10 mJ)を用い,CCD小型分光器(計測対象波長260〜360 nm)により水素ガスのアンチストークス光(309 nm)を計測した。照

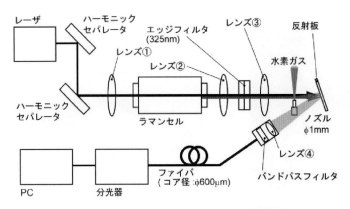

図11 アンチストークス光計測試験装置構成

射ビームは2枚のハーモニックセパレータを介しビームに混在する基本波（1064 nm）および第2高調波（532 nm）を除去したのち，凸レンズ①によりラマンセル（100%水素ガス，充填圧力7 MPa）へ導入した。ラマンセルにより本計測において必要となる1次のストークス光（416 nm）を得るが，同時に高次のストークス光およびアンチストークス光（309 nm）も発生する。通過した光は再び凸レンズ②を通過させ平行光とした。その後，CARSによる水素ガス計測の際に外乱となるラマンセルから発生するアンチストークス光を2枚のエッジフィルタ（カットオフ波長325 nm）により除去し，凸レンズ③により水素ガス放出口付近に集光した。水素ガス（背圧0.2 MPa）は流量計を介し，口径1 mmのノズルより大気放出させ，発生したアンチストークス光を光軸後方に配置した反射板により反射させ，凸レンズ④とバンドパスフィルタを介し光ファイバに導入しCCD小型分光器を用いて計測した。

2.5.3 計測結果事例

水素ガスの背後に様々な材質の反射体を設置し，アンチストークス光の反射光強度を計測した結果を図12に示す。反射体は，水素関連施設において存在する可能性のある配管や表示板，パッキン等を想定し，非塗装金属板（ステンレス），塗装金属板（灰色の油性アクリルシリコン樹脂を塗布），錆びた金属板，アクリル板，ゴム板とした。実験に使用した凸レンズの焦点距離はレンズ①および②が170 mm，レンズ③が100 mm，レンズ④が40 mmである。反射板はノズルから光軸後方40 mmの位置に配置し，受光レンズは反射板から140 mmの位置に配置した。光軸と受光系の角度は約35°である。各材料から得られたアンチストークス光強度は図12に示したとおりである。アンチストークス光強度は308～310 nm（分光器の計測点数31点分）の積分値であり，検出下限は306～308 nmの信号強度の標準偏差を31点分積分した値である。この検出下限はCCD検出器の熱雑音に起因する。図12に示したとおり，ステンレス板およびアクリル板では10以上のS/Nが確保でき，十分なアンチストークス光強度を得ることができた。金属板は錆びていない場合良好な結果であったが，錆びが発生している場合においてはS/Nが2程度であり，錆びの有無で大きく光強度が変化することが分かった。ゴム板と塗装板に関しては，表面における光の吸収により，S/N=1以上でアンチストークス光を検出することができなかった。

第8節　光学的手法による水素検知技術の開発

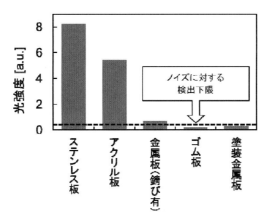

図12　アンチストークス光強度の反射板材料依存性

　4%水素混合ガス（バランスガス：窒素），および4%水素混合ガスと窒素（100%）を流量計を介し混合して濃度を2.3%としたガスをノズルから放出した場合のアンチストークス光強度の計測結果を図13に示す。実験に使用した凸レンズの焦点距離はレンズ①が300 mm，レンズ③が60 mm，レンズ④が40 mmである。レーザ光をラマンセル中で緩やかに集光させることでビームウエストを大きくかつ水素ガスとの作用長を長くすることで指向性の良いストークス光が得られるため，焦点距離300 mmの集光レンズを用いた。計測対象ガスに照射するレーザ光とストークス光の強度の損失を抑えるためレンズ②は配置しなかった。反射板としてステンレス板を用いた。アンチストークス光強度は308〜310 nm（分光器の計測点数8点分）の積分値であり，検出下限は300〜307 nmの信号強度の標準偏差を8点分積分した値である。図13の右縦軸は，4%の水素ガスを信号が飽和する流量において放出し，その時の信号強度16が水素ガス濃度4%に対応するとし，この結果及びアンチストークス光強度が水素ガス濃度の2乗に比例することから推定した放出口上の水素ガス濃度である。本実験では，0.4%の濃度においてS/N=1の信号が得られた。このときの水素ガス放出量は，4%水素混合ガスにおいて2 mL/min，2.3%水素混合ガスにおいて3.4 mL/minであった。

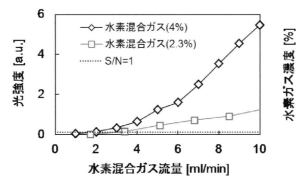

図13　水素混合ガスによるアンチストークス光強度の流量依存性
（水素ガス濃度4%および2.3%）

— 153 —

2.5.4 今後の展開

本報告のとおり，漏洩水素ガスの背後直近に配管等の物体が存在する場合においても，CARSを用いアンチストークス光を計測する手法により，低濃度水素ガスの検知が可能であることを示した。本手法は，配管等を対象とした水素ガスリークディテクタの実現に向けた研究開発において試作機の開発が完了し，同成果を基に現在実用化研究を進めている。

3. 水素火炎可視化技術の開発

水素を扱う現場には，出火時の保安対策として，水素火炎の中心部から発せられる紫外線に反応する火炎検知警報器が設置されている。当該火炎検出器は，検知波長域の全ての光に反応するため誤検知がしばしば生じ，正常に動作している場合でも火炎の位置を特定することはできない。

これに対し筆者らは，水素火炎を特殊なカメラで捉え，画像処理を施すことにより可視化する技術を確立した。本技術を用いることで，モニタ上で水素火炎の位置が特定でき，また水素火炎検知の判定に複数の波長域で得られる画像情報を組込むことにより，誤報の発生を大幅に抑えることができる。

ここでは，水素火炎可視化技術の開発とその応用事例について紹介する。

3.1 原　理

可燃性物質が水素のみで生成された火炎は視認性が極めて低い炎となり，この点が炭素を含む燃焼による火炎と大きく異なる。図14に示すとおり，燃焼中の水素火炎は，背景光の強い昼間に人の目で捉えることは極めて困難である。また，背景光が弱い夜間においても，ごくわずかな青紫色の発光が確認できる程度である。図15に水素火炎の発光スペクトル例を示す。

一般に可視光域と呼ばれる400～700 nmの波長域において水素火炎の発光がないことがわかる。一方で，紫外域，近赤外域では，水素の燃焼過程において生じるOHラジカル，H_2Oに由来する発光スペクトルが確認できる。また，$8\mu m$以上の長波長域において，高温の水蒸気が結露することによる遠赤外線が発せられる。ここでは，水素火炎から生じるこれらの発光を選択的に画像として捉え，これらを組合わせて画像処理を施すことにより，誤報の発生を大幅に低減すると共に水素火炎を可視化できる新たな技術を確立した[15)16)]。

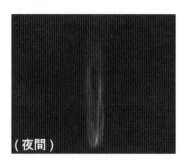

図14　水素火炎の視認性（左：昼間，右：夜間）

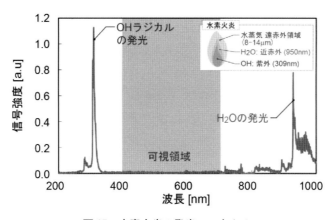

図15 水素火炎の発光スペクトル

具体的には（1）水素火炎の発する紫外光及び遠赤外光を画像として捉え，両者の発光が存在する領域を水素火炎領域と判定し，可視画像上に表示する。（2）水素火炎の発する近赤外光及び遠赤外光を画像として捉え，両者の発光が存在し，かつ紫外線検知器により水素火炎の発する紫外光が検知された場合を水素火炎の発生と判定し，火炎領域を可視画像上に表示する。（3）水素火炎の近赤外画像及びその近傍の背景画像を取得し，両者の差分をとることにより火炎領域を抽出し，背景画像上に重ねて表示する。これらの手法を，水素火炎可視化の目的や観測条件等に照らし選定して用いる。

火炎の可視化は，遠赤外画像，いわゆるサーモカメラ単体による可視化が主流である。水素火炎の発生が想定される火災現場では，必然的に周囲の環境が高温となる。しかし，サーモカメラによる画像では，背景が高温となった場合に火炎領域を特定することが困難となる。一方，本手法を用いることで，火炎の熱ではなく発光を捉えることができるため，高温領域と火炎領域を分離，識別することができる。また，火炎の発光領域を特定する紫外画像等に一定の閾値を設けることにより，例えば，炭素を含む燃焼火炎との分離や，プロパン等他の可燃性ガスによる火炎と分離して可視化することも可能である。

3.2 定置型水素火炎可視化装置

筆者らが開発した水素火炎可視化装置の一例として，前述の手法の内（2）に基づく近赤外画像を捉える定置型水素火炎可視化装置構成を図16に，カメラヘッド外観を図17にそれぞれ示す。

本装置はカメラヘッドと画像処理と表示を行うPCにより構成され，カメラヘッドには，水素火炎領域を特定するための近赤外線カメラ2台と，高温領域を特定するための遠赤外線カメラ1台，背景画像を捉える可視カメラ1台及び水素火炎から生じる紫外光を検知する紫外線検知器が内蔵されている。本装置による水素火炎検知時の画像処理フローを図18に示す。

カメラヘッドに内蔵された近赤外線カメラは，一方が水素火炎スペクトルのピーク波長930 nm（近赤外カメラ①）を観測中心波長とし，他方はその近傍における背景光を取得するために900 nm（近赤外カメラ②）を観測中心波長としている。これらの近赤外カメラと遠赤外カメラにより水素火炎画像を同時に撮影する。近赤外カメラ①の画像と同②の画像の差分を

とり，二値化処理を施すことにより，水素火炎の発光領域が抽出される。これを遠赤外画像により特定された高温領域と重ね合わせ，AND処理を経て得られた画像が水素火炎画像であり，水素火炎画像の取得と紫外線検知器の発報が同時に発生した場合を水素火炎の発生と判定する。本処理を用いることにより，外乱光の入射等による誤検知が抑止され，また，得られた画

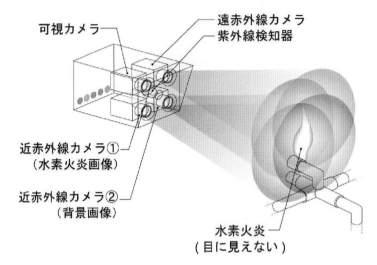

図16　水素火炎可視化装置（定置型）構成

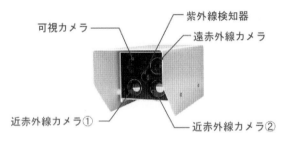

図17　水素火炎可視化装置（定置型）カメラヘッド外観

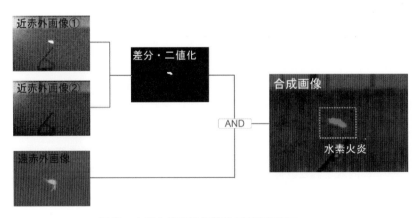

図18　水素火炎可視化装置の画像処理フロー

像を可視画像上に重ねることにより，モニタ上で水素火炎が可視化される。

　本技術は現在，次世代水素ステーションにおける保安監視システムや水素による火災現場における消火活動への適用を目指した研究開発を進めている。

3.3　携帯型火炎可視化装置

　前述の水素火炎可視化装置における，近赤外カメラによる水素火炎の可視化機能のみを取り出すことで，携帯可能な火炎可視化装置が実現される。筆者らが開発した携帯型火炎可視化装置の構成を図19に，外観を図20にそれぞれ示す。

　本装置は，カメラレンズにより撮像した火炎画像を，ダイクロイックミラーにより分配する。一方は水素火炎スペクトルのピーク波長（930 nm）を含む波長域，他方は背景画像の波長（900 nm）を含む波長域となっており，それぞれを光学フィルタによる波長選択を行った

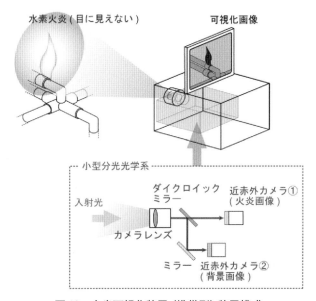

図19　火炎可視化装置（携帯型）装置構成

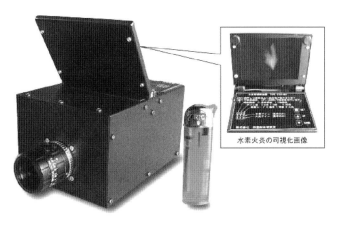

図20　火炎可視化装置（携帯型）装置外観

後CCDカメラにより撮像する．本方式を用いることにより，各画像の視差が原理的に解消され，画像処理の簡素化と装置の小型化が実現される．図20に示すとおり，本装置はW80×D75×H80 mm，重量1 kgのコンパクトサイズであり，バッテリ駆動で連続2時間以上の観測が可能である．

本技術は現在，フィルタ波長域の最適化や画像記録機能（動画・静止画）の付加などの改良を加え，製品化している．

4．おわりに

光計測技術を用いた水素ガス及び水素火炎の可視化，検知技術を確立し，これに基づき開発した装置や計測事例について紹介した．これらの技術は現在，水素検知を目的とした実用化研究開発や，水素エネルギー利用に関する研究開発への応用，他の分子種を対象としたマルチガス計測や可視化技術等への展開を進めている．

本成果が，将来の水素関連施設等における保安技術の向上や，延いては，水素エネルギー利用の普及促進に資することができれば幸いである．

謝　辞

本研究開発の一部は，経済産業省，国立研究開発法人新エネルギー・産業技術総合開発機構等による各種研究開発助成事業・調査事業において行われたものであり，関係各位に深く感謝の意を表する．

文　献

1) 再生可能エネルギー・水素等関係閣僚会議：水素基本戦略 (2016).
2) 国立研究開発法人新エネルギー・産業技術総合開発機構（編）：NEDO水素エネルギー白書 －イチから知る水素社会－, 株式会社日刊工業新聞社, 89-100 (2015).
3) H. Ninomiya, S. Yaeshima, K. Ichikawa and T. Fukuchi：Raman lidar system for hydrogen gas detection, *Opt. Eng.*, **46**(9), 094301 (2007).
4) R. M. Measures：Laser Remote Sensing, 108, John Wiley and Sons, New York (1984).
5) 北口久雄：水素用ガスセンサの現状と課題, 水素エネルギーシステム, **30**(2), 35-40 (2005).
6) 申ウソク, 西堀麻衣子, 松原一郎：熱電式マイクロガスセンサの開発, プラズマ・核融合学会誌, **87**(12), 835-839 (2011).
7) 朝日一平, 杉本幸代, 二宮英樹, 下川房男, 高尾英邦, 大平文和, 筒井靖之, 林宏樹, 今野隆：マイクロマシン技術を用いた小型光学式マルチガスセンサ［II］－ラマン散乱型と紫外吸収分光型ガスセンサの特性－, 電気学会論文誌E, **133**(9), 260-266 (2013).
8) 杉本伸夫, 竹内延夫：レーザーレーダーによる大気計測：計測手法とその応用, 応用物理, **63**(5), 444-454 (1994).
9) 二宮英樹, 朝日一平, 杉本幸代, 島本有造：ラマン散乱効果を利用した水素ガス濃度遠隔計測技術の開発, 電気学会論文誌C, **129**(7), 1181-1185 (2009).
10) 朝日一平, 二宮英樹, 杉本幸代：低出力レーザによる水素ガス濃度遠隔計測, 電気学会論文誌C, **130**(7), 1145-1150 (2010).
11) 朝日一平, 二宮英樹：ラマン散乱光強度測定による水素ガス流の濃度分布計測, 電気学会論文誌C, **131**(7), 1309-1314 (2011).
12) 杉本幸代, 二宮英樹, 福地哲生：CARSを利用した水素ガスリーク検知, 電気学会論文誌C, **134**(12), 1869-1874 (2014).
13) M. D. Levenson, 狩野覚：非線形レーザー分光学, オーム社, 159-212 (1988).

14) A. C. Eckberth：Laser Diagnostics for Combustion Temperature and Species, Taylor and Francis, 2nd Ed. 280-380 (1996).
15) 福地哲生, 二宮英樹：OH発光の差分画像計測による水素火炎の可視化, 電気学会論文C, **127**(5), 692-698 (2007).
16) 二宮英樹：水素火炎可視化技術の開発, 四国電力株式会社, 四国総合研究所 研究期報, **94**, 25-32 (2010).

第3章 水素ステーションの安全対策

第9節 高圧水素ガスの大規模漏洩拡散に関する野外実験

東京大学　茂木　俊夫

1. はじめに

　水素は，爆発範囲が広く（4～75 vol%，大気圧・空気中），着火エネルギーもプロパンなどの一般的な燃料ガスに比べると小さい。さらに，水素ガスは最も軽く，拡散速度も大きいため，シールや継手の不良などにより万が一漏洩が起こった場合には，水素が滞留しない構造を取ることで，安全上の対策が講じられている。一方，水素ガスは単位体積当たりのエネルギーが液体燃料や一般的な燃料ガスに比べて小さいため，最近の燃料電池自動車では70 MPaで充填して航続距離を伸ばすことが図られており，それに伴って水素ステーションの貯蔵圧力が80 MPaと高圧になってきている。高圧水素ガスの場合は密度が大きいため，設備の配管等が破断により噴出漏洩した場合には，高速の噴流となって広範囲に拡散することが考えられる。

　水素ステーションにおいては，様々な事故が想定されるが，NEDO（国立研究開発法人新エネルギー産業技術総合開発機構）プロジェクト「水素安全利用等基盤技術開発」で行われたHAZOP（Hazard and Operability Study）やFMEA（Failure Mode and Effect Analysis）によるハザード分析[1]では，水素の漏洩形態としてピンホールからの定常的な漏洩と大規模な非定常漏洩が選定されている。前者は，配管等の微小な亀裂やシールや継手の不良などからの小規模な漏洩であり，漏洩量が小さい事故である。一方，後者はステーション内の高圧配管（φ10 mm程度）が破断し，短い時間で水素ガスが大量に放出される事故であり，事故シナリオとしては最も影響度が大きいと考えられる。

　前述のNEDOプロジェクト等においては，水素ステーションの導入・普及を図るため，様々な安全に関わる研究が実施され，漏洩拡散に関する実験も実施されてきたが，ここでは，配管等の破断により瞬間的に大量に水素が漏洩した場合を想定した，高圧水素ガスの大規模漏洩拡散に関する野外実験について紹介する。

2. 野外実験
2.1 実験概要

　実規模での大規模漏洩拡散実験を行う場合，万が一水素ガスが着火しても安全性が保たれるように，周囲に建物等がなく地形の影響を受けにくい十分広い場所で実施する必要があり，計測機器を設置したり実験員が退避するような観測所は，高圧水素ガスの放出点から十分離れた位置に配置する必要がある。国内で実施された実験は，鉱山のたい積場[2]やロケットエンジン燃焼試験場の敷地内[3]などで実施されている。

　高圧水素ガスは，放出による圧力降下の影響をできるだけ受けにくくし，高圧の状態をできるだけ長く保つように，多数の高圧容器に貯蔵し，それらを配管で連結して放出口から放出する。放出口の手前には開閉弁が設けられていて放出の制御を行う。放出圧力は，放出口の直近

に取り付けたストレインゲージ式圧力変換器などで計測する。

2.2 水素濃度の計測

放出された水素ガス濃度の空間分布を計測するためには，噴流の到達地点や拡がりを考慮して濃度センサを配置する必要がある。さらに，水素の浮力の影響が現れることを考慮して，高さ方向にも配置する必要があり，6～30 m の高さのポールを立てて計測した実験もある[4]。濃度センサについては，多数のセンサが必要であり，センサが高濃度の水素噴流にさらされる場合もあるため，検知部と指示計が分離できる工業用定置式ガス検知警報装置が利用される。ガス検知器用のセンサには，熱線型半導体式センサ，接触燃焼式センサ，気体熱伝導式センサなどがあるが，異なる出力特性を持ち，測定範囲が異なる。そのため，噴流の中心軸付近のように高濃度の水素が予想される場合には気体熱伝導式センサ，低濃度領域には熱線型半導体式や接触燃焼式センサが用いられる。ただし，いずれも応答速度が数秒から 10 秒程度と遅いため，放出圧力が時々刻々と変化したり，風の影響を受けるような野外における非定常大規模漏洩の空間濃度変化を定量的に計測することは難しい。そこで，既存の濃度センサを利用し，10 台を 1 組として，ガスを 1 秒間隔でサンプリングしながら各濃度センサで順番に測定する濃度変動計測装置[5]が開発されている。また，質量分析計を水素計測用に特化した水素イオンセンサが開発されている[6]。水素濃度を 0.1～100 vol% の範囲で計測でき，応答時間も 1 秒以下であるため，濃度変化が大きいと予測される位置での計測例もある。ただし，質量分析計を多数用いることはコスト的に無理があるため，従来のガスセンサの出力値に対して応答補正を行うことで濃度変化に対して追従性の良い連続波形を得る方法もある[7]。

3. 実験結果

3.1 水素流量

ノズルから放出される水素の流量は，ノズル部での流れを等エントロピー流れとして扱うと，次式から推算できる[8]。

$$m = \frac{AP_0}{\sqrt{RT_0}} \left\{ k \left(\frac{2}{k+1} \right)^{\frac{k+1}{k-1}} \right\}^{\frac{1}{2}} \tag{1}$$

ここで，A：ノズル断面積 m^2，P_0：放出圧力 Pa，R：ガス定数 J/kg・K，T_0：水素の温度 K，k：比熱比である。実際には，実在気体効果や放出口ノズルでの圧力損失，さらに大規模な漏洩の場合，蓄ガス器内の圧力も低下するため，それらの検討が必要であるが，式(1)を使って求めた流出量と蓄ガス器の圧力変化から求めた流出量を比較して，概ね等しい結果が得られた実験も報告されており[2]，簡易的には式(1)から流出量を予測することが可能であると言える。

3.2 拡散濃度

図1に計測結果の一例を示す。実験条件は，高さ 1 m に設置された，大きさが φ12.7 mm の放出ノズルから水素を約 10 秒間放出し，放出圧力が 21.3 MPa から 12.8 MPa（ただし，蓄ガス器内の初期圧力は 40 MPa である）に変化したものである。図中の○印は気体熱伝導式ガ

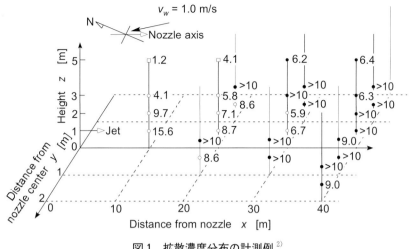

図1　拡散濃度分布の計測例[2]

スセンサ，●印は接触燃焼式ガスセンサ，□印は水素イオンセンサをそれぞれ表し，図中の数値は，各センサで計測された最大値を表している。ただし，「＞10」と示されている点は，センサの測定範囲をオーバーしたことを示している。水平面で見ると，水素濃度が4 vol%以上となる範囲は放出点から40 m以上の範囲まで広がっている。また，放出口から離れた上方でも4 vol%以上となる範囲が広がっている。これは，放出圧力が高く噴流の運動エネルギーが大きいため，噴出直後に上方へ急速に拡散することなく周囲空気と混合しながら放出方向に拡散し，運動エネルギーの減少により上方へ拡散しているからであると考えられる。ただし，ガスセンサの応答性の影響や野外実験では避けることのできない風の影響なども見られる。例えば，放出軸上（風がない場合の噴流の中心軸）のノズルから20 m，30 mでの濃度に比べて40 mの濃度が高くなっているが，これは気体熱伝導式センサと接触燃焼式センサの応答性の違いによるものと考えられる。

　図2は，図1と同じ実験で中心軸上（$y=0$ m, $z=1$ m）と中心軸上の高さ5 m（$y=0$ m, $z=5$ m）の位置のガスセンサで測定された水素濃度の時間変化である。気体熱伝導式センサ（中心軸上の10，20，30 mのセンサ）は応答性が遅いため，放出終了後に高い濃度を保持したまま最大値を示していることがわかる。接触燃焼式センサは，急激に変化する水素ガスの挙動に追従しているか確認ができず，応答性も十分とは言えない。しかし，放出停止後も急速に濃度が低下することなく水素が検出されており，水素放出停止後も急速に拡散されることなく，噴流軸方向へ水素ガスが流れていく様子が見られる。

4. まとめ

　高圧水素ガスの大規模漏洩拡散に関する実験研究を紹介したが，実規模を想定した実験は，技術的に容易ではないだけでなくコスト的にも容易ではないため実施例が少ない。そのため，数値流体力学（computational fluid dynamics, CFD）解析コードを用いた拡散シミュレーションや危険性評価が主流となっており，水素ステーションの配置などを考慮した漏洩拡散シミュレーションも行われている[9]。しかしながら，精度の高い結果を得るためには，実測データと

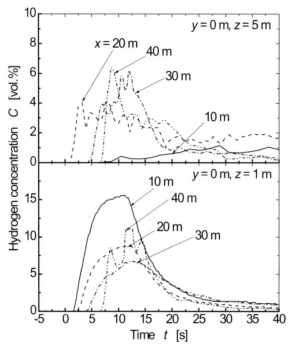

図2 水素濃度の時間変化の計測例[2]

比較した検証も必要であり,野外実験の実施例はわずかであるが,それらで取得された実験データが数値シミュレーションに活用されることを期待したい。

文 献
1) NEDO水素インフラに関する安全技術研究, 平成15〜16年度成果報告書, 10-58 (2005).
2) 茂木俊夫, 西田啓之, 堀口貞茲, 高圧水素ガスの大規模漏洩拡散に関する野外実験, 安全工学, **44**(6), 440-446 (2005).
3) K. Takeno, K. Okabayashi, A. Kouchi, T. Nonaka, K. Hashiguchi and K. Chitose : Dispersion and explosion field tests for 40 MPa pressurized hydrogen, *International Journal of Hydrogen Energy*, **32**, 2144-2153 (2007).
4) 武野計二, 河野慎吾, 坂田展康, 岡林一木:実在気体効果を考慮した高圧水素の噴出および拡散特性, 水素エネルギーシステム, **37**(1), 33-39 (2012).
5) 岡林一木, 野中剛, 坂田展康, 武野計二, 平嶋秀俊, 千歳敬子:高圧水素ガスの漏洩拡散, 安全工学, **44**(6), 391-397 (2005).
6) 能美隆, 前川麻弥, 茂木俊夫:水素イオンセンサ, 水素エネルギーシステム, **33**(2), 54-59 (2008).
7) 西田啓之, 茂木俊夫, 堀口貞茲, 藤原修三, 中村俊一:特許4810264 (2011).
8) 生井武文, 松尾一泰:圧縮性流体の力学, 41-44, 理工学社 (1977).
9) S. Kikukawa : Consequence analysis and safety verification of hydrogen fueling stations using CFD simulation, *International Journal of Hydrogen Energy*, **33**, 1425-1434 (2008).

第4章

液化水素運搬船の開発と
国際安全基準の策定

川崎重工業株式会社　加賀谷　博昭
技術研究組合 CO₂ フリー水素サプライチェーン推進機構　孝岡　祐吉

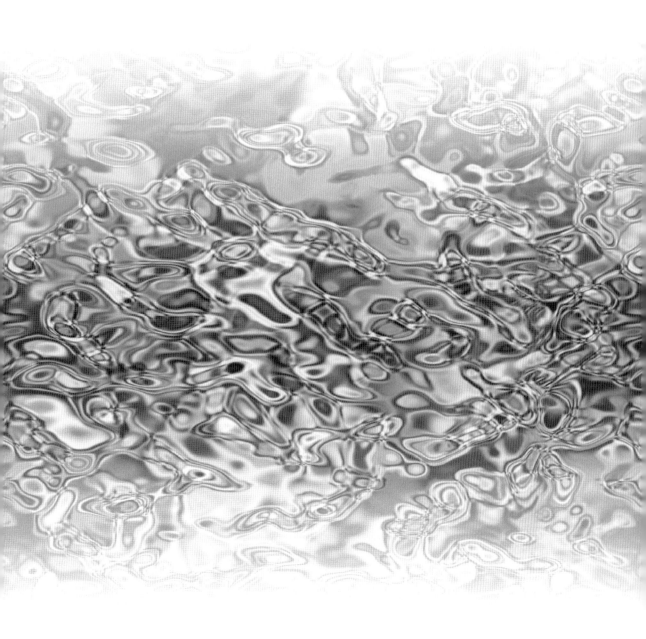

1. はじめに

2014年4月に策定された「第4次エネルギー基本計画」[1]では,水素が将来の二次エネルギーの中核として位置付けられ,水素社会の実現を目指し,燃料電池の普及拡大に加え,水素の本格的な利活用に向けた水素発電等の新たな技術の実現,水素の安定供給に向けた製造,貯蔵・輸送技術の開発の推進が明記された。また,同年6月には産学官の有識者会議である水素・燃料電池戦略協議会が「水素・燃料電池ロードマップ」[2]をとりまとめ,水素利用の飛躍的拡大,水素発電の本格導入/大規模な水素供給システムの確立,トータルでのCO_2フリー水素供給システムの確立の3つステップで取組を進めることが示された。さらに,2017年12月には「水素基本戦略」[3]が閣議決定され,2050年を視野に,国を挙げて水素利用に取り組み,世界に先駆けて水素社会を実現するための具体的な施策及び導入量に関するビジョンが示された。

一方,世界の動きとしては,2017年1月,エネルギーや運輸,製造の世界的なリーディングカンパニー13社が,水素を利用した新エネルギー移行に向けた共同ビジョンと長期目標を提唱するグローバル・イニシアチブ「Hydrogen Council」を発足させ,同年11月には水素利用に関する導入ビジョンを公表した[4]。さらにアメリカやEUでは独自の戦略づくりが進み,世界最大級のCO_2排出国である中国でも,水素エネルギーの活用を含めた自動車開発を国家戦略にするなど,世界的規模での水素エネルギー推進体制が整ってきている。

このような背景の下,川崎重工業㈱,岩谷産業㈱,シェルジャパン㈱,電源開発㈱の4社は,国立研究開発法人新エネルギー・産業技術総合開発機構(NEDO)の助成を受け,技術研究組合「CO_2フリー水素サプライチェーン推進機構(略称:HySTRA)」を2016年2月に設立し,CO_2排出のない水素供給網の構築と商用化に向け,水素の製造,陸上および海上輸送,貯蔵,利用に必要な技術の確立と実証試験を進めている。この実証試験では,豪州の褐炭から製造した水素ガスを液化し,日本に長距離海上輸送を行うための液化水素運搬船の建造が計画されている。この液化水素運搬船は,液化天然ガス(LNG)運搬船と同様に,貨物としての液化ガスである液化水素を梱包されない状態で大量に輸送するばら積み液化ガス運搬船であり,これまで世界に例がないため,日豪政府間で安全基準の協議を進め,それを国際海事機関IMO(International Maritime Organization)に諮り暫定勧告として承認を受けるなど,国際安全基準の策定に向けた取組も進められている。

本稿では,技術研究組合HySTRAが開発を進める液化水素運搬船を紹介し,国際安全基準策定プロセスについて解説する。

2. CO_2フリー水素チェーン導入構想

CO_2フリー水素は,再生可能エネルギーによる発電と水の電気分解とを組み合わせることで容易に製造可能である。しかしながら,余剰かつ安価な水力・風力発電等が存在する海外の一部地域を除いて,現状では経済性と安定供給性に課題が多い。そこで,化石燃料から水素を製造し,副生成物のCO_2をCO_2貯留の一手法であるCCS(Carbon Dioxide Capture Storage)を用いて処理すれば,大量安定にCO_2フリーの水素を供給できるようになり,水素インフラの整備が可能となる。すなわち,化石燃料由来の水素でインフラを整備し,量的進展に数十年オーダーの長期を要する再生可能エネルギー由来水素をこのインフラに徐々に流して増して行

くことが考えられる。

　化石燃料由来の水素については，原料が安価であることが極めて重要である。そこで川崎重工業㈱は，国際取引の無い，いわゆる未利用資源の一種である褐炭から水素を製造し，その水素を日本に輸送して利用する構想を2010年に打ち出し，その実現に向けた取組を進めている[5]。褐炭は，水分が多いため輸送効率が低く，乾燥すると自然発火し易いため，採掘地近傍で発電に利用されるに留まっている。世界に賦存する石炭の半分は褐炭である。特に豪州のビクトリア州には莫大な量が存在する。褐炭をガス化し精製すると水素が得られるが，精製過程でCO_2を副生成する。このCO_2を現地でCCS処理することで，CO_2の大気排出を伴わない，いわばCO_2フリーの水素が得られる。豪州連邦政府およびビクトリア州政府は共同でCCSプロジェクト「CarbonNet」[6]を推進しており，ビクトリア州は褐炭とCCSを同時に利用できる適地となっている。こうして得られたCO_2フリー水素を，豪州から日本まで運んで利用する一連を，サプライチェーンになぞらえ，「CO_2フリー水素チェーン」と称している。この構想の概念図を図1に示す。

　CO_2フリー水素チェーンの商業化は，我が国の水素利用ロードマップに合わせ2030年頃を目標としているが，その前段階として，輸送量において商用の1/100程度のスケールのサプライチェーンによる技術，運用，及び安全面の技術実証（以下，実証事業）を2020年に開始する。本実証事業は，特に技術開発要素の高い，褐炭のガス化，液化水素の長距離大量海上輸送，及び船舶のカーゴタンクと陸上タンクとの間の液化水素の荷役（積荷／揚荷）に関する技術の構築と実証を目指している。本実証事業を進めるに当たり，技術研究組合HySTRAを設立し，川崎重工業㈱，岩谷産業㈱，シェルジャパン㈱の3社が液化水素の長距離大量海上輸送技術，及び荷役技術を実証し，電源開発㈱は既に商用規模に達している瀝青炭のガス化技術を褐炭に応用する技術実証を行う。本実証事業の中で，液化水素の長距離大量海上輸送技術を実現するための液化水素運搬船の建造は，世界初の試みとなり，様々な技術課題の克服，設計・運用における安全基準の整備が必要となる。

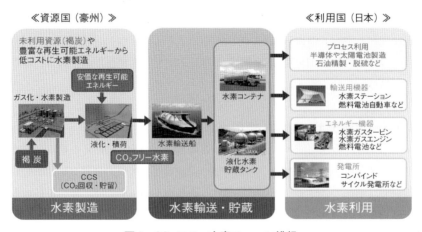

図1　CO_2フリー水素チェーン構想

3. 過去の液化水素海上輸送構想

水素を液化してばら積み海上輸送するための液化水素運搬船の開発検討は，過去に欧州-カナダの国際プロジェクト「Euro-Quebec Hydro-Hydrogen Pilot Project (EQHHPP)」[7]，我が国の新エネルギー・産業技術総合機構の研究開発プロジェクト「水素利用国際クリーンエネルギーシステム技術（WE-NET）」[8]で実施されたものが知られている。各プロジェクトで検討された液化水素運搬船の一般配置図のスケッチを**図2**に，概略仕様を**表1**に示す。

EQHHPPは，カナダのケベック州で10万kWの水力発電による余剰電力によって年間14,600tの液化水素を製造し，欧州へ海上輸送してエネルギーとして利用することを目指し，EU各国とカナダの共同プロジェクトとして1986～1998年に実施された。当初目指した液化水素の大量海上輸送は，資金問題などで実現出来なかったが，輸送方法の検討，液体水素の貯蔵タンクのモデル試験，自動車，航空機，船舶，製鉄分野などで水素利用技術の開発が行われた。EQHHPPで検討された液化水素運搬船[9]は，3000 m^3（積み付け率85%で液化水素充填量213 t）のタンクを積載した5基のバージ（台船）を搭載可能なラッシュ船（lighter aboard ship）で，需要地においてバージごと海上係留，または液化水素貯蔵タンクとして地上に設置することも可能な構造となっている。タンク断熱方式は積層真空断熱（Superinsulation）で，断熱層とすべき空間を高真空状態とし熱伝導や対流影響を抑えた上で，放熱面を多層アルミ蒸着フィルム積層材で覆うことにより，放射伝熱も低減させる断熱法を採用している。これによ

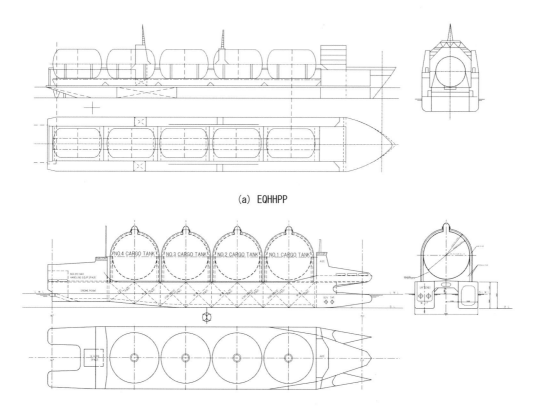

(a) EQHHPP

(b) WE-NET（二重殻球形タンク双胴船）

図2　液化水素運搬船の概略図

表1 液化水素運搬船の概略仕様

プロジェクト	EQHHPP	WE-NET
船型	単胴／双胴バージ式ラッシュ船	単胴船／双胴船
主要寸法	全長180m、型幅29m、型深さ16m	全長345m、型幅64m、型深さ26m（双胴船）
タンク容積	15,000 m³ (3,000 m³×5タンク)	200,000 m³ (5,000 m³×4タンク)
タンク方式	円筒型二重殻	球型二重殻／角型二重殻
断熱方式	積層真空断熱	PUF、真空パネル、積層真空断熱等各種断熱方式
想定ボイルオフガス量	0.1 %/day	断熱方式により0.12～0.72 %/day

り、ボイルオフガス量は0.1%/dayに抑えられ、タンク封止状態を33日間保持できると試算している。

WE-NETは、水素を二次エネルギー媒体とした再生利用エネルギーの国際的な利用を実現するため、水素製造技術、水素大量輸送・貯蔵技術、水素利用技術に関する研究開発プロジェクトとして1993～2002年に実施され、「サブタスク5-2液体水素輸送タンカーの開発部会」において、液化水素の長距離海上輸送に適した液化水素運搬船の設計検討が行われた。液化水素運搬船の要求仕様は、100万kWクラスの水素燃焼タービン発電所の稼働を想定した場合、年間200,000 m³の液化水素運搬船2隻の運用で実現可能であるという試算結果から決定され、タンク方式は独立球形と独立角形、船型は単胴船と双胴船の試設計が行われた。WE-NETでは、タンク断熱構造の開発が重要課題として位置づけられ、LNG船で採用されているポリウレタンフォーム（PUF）、真空パネル、積層真空断熱など各種断熱方式の比較検討が行われ、一部の方式については断熱性能確認のための要素試験が実施された[10]。ここでも断熱性能は積層真空断熱方式が最も優れるとしており、ボイルオフガス量を0.12%/dayに抑えられると試算している。

いずれのプロジェクトにおいても、液化水素運搬船は現有技術の延長線上の技術で実現可能との結論であるが、現状、液化ガスをばら積みで運送する船舶に適用されるIGCコード（International Gas Carrier Code）には液化水素に関する規定がなく、国際航海を実現する上で統一的な安全基準の整備が必要となる。次節では、我が国が中心となって進めた液化水素運搬船の国際安全基準の策定経緯について解説する。

4. 液化水素運搬船の国際安全基準策定
4.1 IMOの概要

IMOは、海上の安全、船舶からの海洋汚染防止等、海事分野の諸問題についての政府間協力を推進するために1958年に設立された国連の専門機関である。本部はロンドン（英国）にあり、2018年6月現在で174ヵ国が加盟国、香港等の3つの地域が準加盟国である。

IMOの組織は、図3に示すように、総会、理事会に加え、条約や基準等の審議を行う5つの委員会とその下部組織である7つの小委員会、及び事務局で構成されている。これらの委員会では、船舶の安全、海洋汚染防止、海難事故発生時の適切な対応、被害者への補償、円滑な物流の確保などの様々な観点から、船舶の構造や設備などの安全基準、積載限度に係る技術要

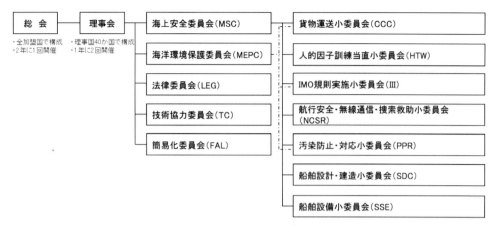

図3 IMOの組織[11]

件，船舶からの油，有害物質，排ガス等の排出規制等に関する条約，基準等の作成や改訂を随時行っている。これまでに作成された主な条約には，1912年に発生したタイタニック号の沈没事故を契機に作成された，船の構造，救命設備，無線設備などの基準を定めた「1974年海上人命安全条約（SOLAS条約）」，貨物の積載限度に関する「1966年満載喫水線条約（LL条約）」，船舶の運航に起因する汚染防止のための「海洋汚染防止条約（MARPOL73/78条約）」等がある。

4.2 液化水素運搬船の適合ルール

液化ガス物質を船舶でばら積み海上輸送する場合，1986年に策定されたIGCコードにより，船舶の設計・構造要件や，防火・消防設備等の設備要件，及び34品目の液化ガスの個別安全要件を満足しなければならない。IGCコードは，SOLAS条約に規定された義務的コードであり，我が国においては「危険物船舶運送及び貯蔵規則（昭和32年運輸省令第30号）」として国内法令に取り入れられ，安全規制が実施されている。

IGCコードの適用対象は，「総トン数500トン未満の船舶も含めて，その大きさに拘わらず，37.8℃における蒸気圧が0.28 Mpaを超える液化ガス，及びIGCコード19章に記載する貨物をばら積み運送する船舶」と定義されている。液化水素は本定義に該当することから，液化水素運搬船はIGCコードに適合することが求められる。しかし，液化水素についてはこれまで大規模海上輸送の実態がなかったことから，IGCコードに満足すべき要件が規定されてない。このような未査定貨物を運送しようとする場合，運送する貨物の特性表及びその特性に応じた安全要件（安全基準）をIMOにおいて審査し，IGCコードを改正するか，または適切な運送要件を船籍国及び積出・揚荷両国の港湾当局者間で審議し，合意を得ることによって輸送が可能となる旨がIGCコードに規定されている。今回の実証事業では，当該規定に基づき，まず船国籍となる日本の国土交通省において，適切な運送要件について検討を開始することとなった。

4.3 安全基準の策定とIMOでの審議経過[12]

本実証事業における液化水素運搬船の安全基準については，2013年8月に国土交通省海事局が「液化水素運搬船基準検討ワーキンググループ」を設置し，安全基準案の検討を開始した。

この産学官からの専門家によるワーキンググループでの検討結果を基に，IGC コード 19 章に適合する形で，適用すべき船型，タンクタイプ，ガス検知器の種類に関する一般要件，及び低温性，透過性，可燃限界の広さ等，液化水素の物性に応じた特別要件からなる安全基準案が作成された。

2014 年 2 月には豪州政府海事当局と協議し，日本案をベースに IMO でこの安全基準案の審議を行うため，同年 11 月に日豪共同で IMO の海上安全委員会（MSC）に新規作業計画を提案した。その後，この安全基準案が IMO の暫定勧告（Interim Recommendations）[13] として採択されるまでの経過は以下の通りである。なお，日豪で共同提案した安全基準案の詳細な審議は，MSC 下部組織の貨物運送小委員会（CCC）に設置されたコレスポンデンスグループ（CG）で行われた。以下，MSC 及び CCC 末尾の数字は開催回を示す。

- 2014 年 9 月　CCC1 において日豪共同提案の安全基準案を紹介。
- 2014 年 11 月　MSC94 において日豪共同で提案した安全基準検討作業計画を合意し，CCC2 から審議開始することを採択。
- 2015 年 9 月　CCC2 において CG を設置し日豪共同提案文書の審議を行うことを合意。
- 2015 年 10 月　CG 開始。以降 2016 年 4 月まで 4 ラウンド実施。
- 2016 年 9 月　CCC3 において安全基準の最終案を審議，暫定勧告として承認。
- 2016 年 11 月　MSC97 において CCC3 で承認された暫定勧告が採択。

4.4　液化水素運搬船の暫定勧告

液化水素運搬船の暫定勧告[13] は，一般要件と 29 項目からなる特別要件で構成され，それぞれ表 2 及び表 3 に示す（正式版は英語，日本語訳[14] は㈶日本海事協会による）。IGC コードは，運送する貨物の毒性に応じて，貨物タンクの船体からの離隔距離と損傷時復元性に関する要件として 1G，2G，3G の三つのグループに船型を分類しており，液化水素運搬船は LNG 運搬船同様「2G」に分類されている。特別要件では，極低温周囲部に発生する液化酸素の影響や，水素の高い透過性による配管の弁・フランジ部等からの漏洩，水素脆化及び低温脆化による構造材及び溶接継手部の強度低下等，液化水素運搬船の設計・運用時に安全上考慮すべき事項が記載されている。

㈶日本海事協会は，本暫定勧告をベースに各項目をより具体的な要件として規定した「液化水素運搬船ガイドライン」[14] を 2017 年 3 月に発行している。

5. 液化水素運搬船の開発
5.1　液化水素運搬船の概要

実証事業で計画されているばら積み液化水素運搬船（以下，実証船）の概略図を図 4 に，主要目を表 4 に示す。本実証船は，液化水素のばら積み長距離海上輸送，及び荷役基地における積荷・揚荷オペレーションに関わる技術実証を目的としており，日豪航路を 20 日間（片航路）で運航可能な仕様となっている。液化水素荷役基地は，日本側は神戸空港島（図 5），豪州側はビクトリア州メルボルン・ヘイスティング港に建設予定である。

表2 液化水素に対する一般要件

貨物名	船型	独立型タンクの要求	貨物タンクの環境制御	ガス検知装置	液面計測制御	特別要件
水素	2G	-	-	F（引火性ガス検知装置）	C（密閉式または貫通密閉式）	表3参照

表3 液化水素に対する特別要件

番号	特別要件	関連ハザード
1	設計温度が-165℃未満の材料に関する要件は，適切な基準の選択に配慮し，主管庁の合意を得たものとしなければならない。最低設計温度が-196℃未満の場合には，使用上想定される温度範囲に対し適切な媒体で防熱材料の特性試験を行うこと。	低温性
2	構造材料及び防熱材のような付属設備は，貨物装置の各部が低温になるために生じる凝縮及び濃縮による高濃度酸素の影響に耐えるものでなければならない。（窒素に対する特別要件を参照のこと）	低温性
3	液体水素や低温水素ガスに触れる貨物管については，防熱材で覆う等により，外気に暴露する部分が-183℃に到達することを防止する対策を講じること。 貨物マニフォールドのように，有効な予防措置を十分に講じる事が難しい箇所については，予防措置に替えて，高濃縮酸素領域の生成を防止するような換気の確保及び滴下する液化空気を受けるトレイの設置等の他の適切な手段が許容されることがある。 貨物液配管に施す防熱で大気に暴露するものは不燃性材料で，かつ防熱内での空気凝縮とそれによる酸素濃縮を防止するために，外表面被覆にはシールを施す必要がある。	低温性
4	低温により固化する不純物の除去の為，貨物用管系統にフィルタ等適切な設備を設けること。	低温性
5	圧力逃し装置は水または氷の生成による閉塞を防ぐために適切に設計，製造されなければならない。	低温性
6	水素に触れる可能性のある箇所に用いられる材料については，水素脆化による劣化を防止するために，必要に応じた適切なものとすること。	水素脆化
7	貨物タンク板のすべての溶接継手は，完全溶け込みの面内突合わせ溶接としなければならない。タンク板とドームの取合部に対してのみ，溶接施工法承認試験の結果に応じ，完全溶け込み型の隅肉溶接を使用してもよい。	透過性
8	貨物配管の弁，フランジ部，シール部など，水素漏洩の可能性が有る箇所には，漏洩を防ぐ二重構造を採用するか，若しくは水素の漏洩を検知できる固定式水素ガス検知器を設けること。	透過性
9	貨物タンク，貨物配管の漏れ試験媒体にはヘリウム若しくは5%水素と95%窒素の混合ガスを用いること。	透過性
10	貨物圧縮機室及び貨物ポンプ室に備えられる固定式炭酸ガス消火装置のガス保有量は，いかなる場合においても区画総容積の75%以上の遊離ガスを供給するのに十分な量とすること。	火災
11	単一の損傷により防熱性能の劣化が想定されるシステムにおいては，防熱性能の劣化を考慮した適切な安全対策を講ずること。	高圧
12	貨物格納設備に真空防熱方式が採用される場合，その断熱性能は必要に応じて実験に基づいて評価され，主管庁の満足するものでなければならない。	一般
13	空気中の水分の凝結により生じる氷の蓄積によってベントが閉塞されることを防ぐために，適切な措置が講じられなければならない。	低温性
14	ボイルオフガスの処理手段について適切な考慮がなされなければならない。	高圧性
15	回転式・往復動式機器における静電気の発生には，導電性機械ベルトの採用，オペレーションやメンテナンス手順における予防措置等を含む適切な配慮をしなければならない。 貨物エリアで作業する各乗員に，静電気防止作業衣及び靴，可搬式水素ガス検知器を支給しなければならない。	静電気
16	液化水素運搬船の操作手引書には，各オペレーションにおけるそれぞれの環境条件に関連した制限事項を含まなければならない。	広い可燃性範囲
17	ウォームアップ，イナートガスパージ，ガスフリー，水素ガスパージ，予冷作業の適切な手順が確立されなければならない。これらの手順は，以下を含まなければならない： .1 相変化に関する温度限界を考慮した適切なイナートガスの選択 .2 ガス濃度測定 .3 温度測定 .4 ガス供給レート .5 各操作における開始，中断，再開，終了時の条件	危険なパージ操作の防止

第4章 液化水素運搬船の開発と国際安全基準の策定

	.6 リターンガスの処理，及び .7 ガス排出	
18	オルト/パラ水素転換による過度の加熱を避けるために，ほぼ純粋なパラ水素（95%以上）のみを積載しなければならない。	一般
19	水素火災を探知するための火災探知器は，水素火災の特徴を十分に考慮の上選択し，主官庁が承認するものとすること。	火災
20	設計段階において，居住区域，業務区域，機関区域及び制御場所への引火性気体の流入の危険性を最小化するために，ベント排出口からの水素の拡散解析を行なわなければならない。またその結果に基づき，危険区域の拡張を考慮しなければならない。	低密度と高拡散性
21	水素の漏出が生じた場合爆発雰囲気の生成を防止するために，以下を含む適切な安全対策を考慮すべきである： .1 低温水素ガスの地表面レベルでの拡散や，暖かい水素ガスの区画の上部における滞留を検知するために適切な場所に水素検知器を設置すること。 .2 「Cryogenics Safety Manual - Fourth Edition (1998)」等の適切なガイダンスを考慮し，陸上の液化水素貯蔵施設で用いられている最良のプラクティスを参照し，適用すること。	一般
22	IGC Code 18.10.3.2 によって要求される火災探知の手段として可融片が使われる場合には，水素火炎の探知に適した火災探知器を同じ場所に設けなければならない。この場合，火炎探知器の誤警報による ESD システムの作動を防止するために，適切な手段を設けなければならない。（例：単一のセンサー検知での ESD システム作動を避ける。(Voting Method)）	火災
23	液化水素の漏出の可能性のある閉囲区画に対し，蒸発潜熱，比熱，温度に応じた水素ガスの体積，また隣接区画の熱容量を考慮し，換気能力の強化を検討しなければならない。	低密度と高拡散性
24	液体水素配管及び水素ガス配管は，以下の場合を除き，IGC Code 5.2.2.1.2 で許容されている区画以外の閉囲区画を通過してはならない。 .1.1 LFL の 30%以下で警報が作動し，60%以下で隔離弁を閉鎖するように設定されたガス検知器が設けられており（IGC Code 16.4.2 及び 16.4.8 を参照），かつ .1.2 適切に換気されている区画，または， .2 不活性状態が維持されている区画 この要件は，真空レベルが監視された真空防熱システムを採用する貨物格納設備の一部を構成する	透過性
25	液化水素貨物に起因するリスクが乗員，環境，構造強度，船の健全性に与える影響を適切に対応されていることを確実にするためにリスク評価が実施されなければならない。評価においては，液化水素，水素ガスの物性，物理的配置，オペレーションとメンテナンスに関連したハザードについて，合理的な範囲で想定し得る全ての Failure を想定した上で，考慮しなければならない。リスク評価は IEC/ISO 31010:2009 "Risk management - Risk assessment techniques" 及び SAE ARP 5580-2001 "Recommended failure modes and effects analysis (FMEA) practices for non-automobile applications" を参照し，例えば HAZID, HAZOP, FMEA/FMECA, what-if analysis 等の適切な方法を用いて実施しなければならない。	一般
26	安全弁の吹き出し量は最も厳しいシナリオを基に決定しなければならない。このシナリオが火災時，あるいは防熱システムの真空喪失時のどちらから生じ得るかを評価しなければならず，その結果として生じる貨物格納設備への入熱を考慮しなければならない。	高圧
27	基準温度で98%を超える充填限度は，許容されない。	高圧
28	水素貨物配管において，溶接による接合が実行可能な箇所は，フランジによるボルト接合は用いてはならない。	透過性
29	水素火災の非視認性について考慮しなければならない。	火災

　実証船の貨物タンクは，図6に示すような真空断熱方式の二重殻構造で，内槽は GFRP (Glass Fiber Reinforced Plastic) 柱材で支持される。真空層には，アルミ蒸着フィルムを積層したスーパーインシュレーション断熱材が施工され，さらに外槽表面には補助防熱として LNG 運搬船で採用されている積層樹脂パネルが施工されており、断熱方式として冗長性を持たせている。これらの断熱方式の組み合わせで LNG 運搬船同等以下のボイルオフガス量を目指している。航海中のボイルオフガスは，大型 LNG 運搬船の場合，推進装置の燃料として利用されているが，本実証船では，タンク内に封止する蓄圧方式（IGC コードでは独立タンク方式 Type C）を採用し，ボイルオフガスは推進装置の燃料として用いない仕様にしている。

提供：HySTRA

図4 液化水素運搬概略図

表4 実証船主要目

主要寸法	全長116m，型幅19m，型深さ11m
総トン数	約8,000 t
主機	ディーゼル電気推進
航海速力	約13.0ノット
航続距離	約20,000 km
定員	25名
船籍／船級	日本／日本海事協会
タンク容積	1,250 ㎥×1基
タンクタイプ	蓄圧式独立タンク IGC Independent Tank Type C
タンク構造	横置き円筒型二重殻
タンク断熱方式	積層真空断熱，積層樹脂パネル（外槽）
タンク材料	SUS304L（タンク），GFRP（内槽支持材）
タンク最大設計圧力	0.4 MPaG
タンク最小設計温度	-253 ℃（20K）

蓄圧方式の場合，断熱性能の劣化や，航海日数の超過によりタンク内圧が設計圧力を超えるリスクがあるが，断熱方式の冗長化やタンク安全弁の他，GCU（Gas Combustion Unit）によりボイルオフガスを焼却することでタンク内圧を抑制する設備も搭載される。

　積荷・揚荷オペレーション時の液化水素や極低温ガスの配管ラインにおける断熱，及び配管表面における液化酸素の発生を防止するため，配管は真空断熱二重管を採用し，配管接手は全て溶接接続される。液化水素の移送は，貨物タンク内部に装備されたサブマージドポンプで行う。

5.2 安全設計

　実証船の開発においては，IMOの暫定勧告を始め，**表5**に示す国内外の最新の水素関連規

第4章 液化水素運搬船の開発と国際安全基準の策定

格やガイドラインを参照し、既存の設計指針やテスト要求に対するギャップ分析を実施して、船舶特有の環境条件を考慮しながら安全設計を進めている。

また既述の通り、液化水素運搬船は新形式の船舶となるため、リスク評価手法に基づく安全対策の検討が要求されている（表3の特別要件 No.25 参照）。実証船の開発においては、設計者、

提供：HySTRA

図5　液化水素荷役基地概略図

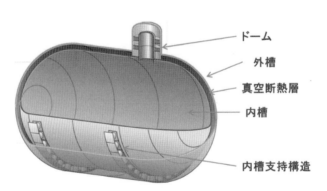

図6　貨物タンク構造

表5　参考規格・ガイドライン

内容	参考規格・ガイドライン
液化水素運搬船設計・運用	日本海事協会：液化水素運搬船ガイドライン（2017）
水素安全全般	AIAA G-095：Guide to Safety of Hydrogen and Hydrogen Systems（2014）
水素安全全般	ISO/TR 15916：Basic Considerations for the Safety of Hydrogen Systems（2016）
水素設備安全	NFPA 2：Hydrogen Technologies Code（2016）
水素配管	ASME B31.12：Hydrogen Piping and Pipelines（2014）
水素ベントシステム	CGA G-5.5：Hydrogen Vent Systems（2014）
ガス危険区画設定	IEC 60079 series：Explosive Atmospheres（2015）

オペレータ，船長，海事研究機関等の外部専門家を交え，HAZID（Hazard Identification）・HAZOP（Hazard and Operability Study）会議を開催し，設計や運用における潜在危険の抽出，それらの影響・結果の評価を行い，必要な安全対策を講じている[15]。

6. おわりに

本稿では，技術研究組合 HySTRA が 2020 年の実証試験開始を目指して開発を進めている液化水素運搬船の概要，及び暫定的な国際安全基準の策定プロセスについて述べた．本実証事業を通じて，世界に先駆けて液化水素の長距離海上輸送技術を確立すると共に，今後我が国が国際ルール策定の議論をリードできるよう，設計・運用に関する知見をしっかり蓄えていく所存である．

文　献

1) 経済産業省：エネルギー基本計画 (2014).
2) 経済産業省：水素・燃料電池ロードマップ (2014).
3) 経済産業省：水素基本戦略 (2017).
4) Hydrogen Council HP：http://hydrogencouncil.com (2018).
5) K. Inoue, Y. Yoshino, S. Kamiya and E. Harada：*Proc. of CRYOGENICS 2012 IIR International Conference*, 183 (2012).
6) CarbonNet Project HP：http://earthresources.vic.gov.au/earth-resources/victorias-earth-resources/carbon-storage/the-carbonnet-project (2013).
7) J. Gretz：*Hydrogen Energy System*, 297 (1995).
8) WE-NET HP：https://www.enaa.or.jp/WE-NET/contents_j.html (1998).
9) G. Giacomazzi and J. Gretz：*Cryogenics*, 8(33), 767 (1993).
10) 関紀明：WE-NET 水素エネルギーシンポジウム講演予稿集, 131 (1999).
11) 国土交通省 HP：http://www.mlit.go.jp/maritime/maritime_tk1_000035.html
12) 日本船舶技術研究協会：2016年度ガス燃料船・新液化ガス運搬船基準の策定に関する調査報告 (2016).
13) IMO：MSC.420 (97) Interim Recommendations for Carriage of Liquefied Hydrogen in Bulk (2016).
14) 日本海事協会：液化水素運搬船ガイドライン (2017).
15) IMO：CCC3/INF.20 Risk Assessment of Liquefied Hydrogen Carriers (2016).

第5章

水素に関連する事故について

(元)独立行政法人産業技術総合研究所　堀口　貞玆

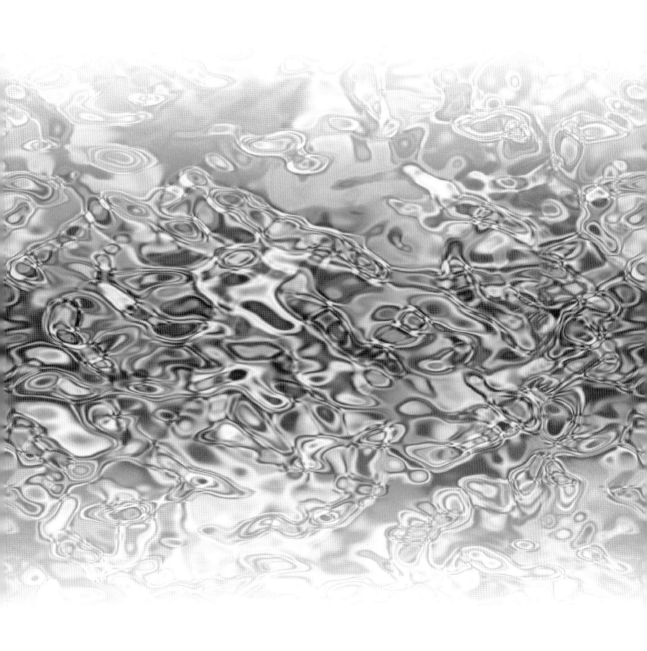

1. はじめに

　水素は，分子として小さく軽いだけでなく各種金属や固体中に分子あるいは原子として拡散浸透しやすいという特徴があるほか，空気中では容易に着火爆発する危険性が高い物質である。水素は，石油精製，化学工業および宇宙開発などの種々の分野で多量に使用されており，そのためこれまでにも多くの事故を経験してきた。燃料電池をはじめとする種々の燃料として水素を利用普及させる場合，従来の利用形態と異なって一般社会の中で一般人が取り扱うことになるため，事故が起きるとその影響が広がる懸念が大きい。過去の事故を教訓として事故の防止と事故による被害拡大の抑止を図る必要がある。本章では水素に関連する事故について概要を述べるとともに，参考になるいくつかの事故事例を紹介する。

2. 高圧ガスの事故と水素関連の事故の統計

　高圧ガスの事故については，1965年以降の事例が集計されており[1]，2016年末までの52年間の水素の事故の傾向を見ることができる。

　高圧ガスの事故として集計されている件数は14348件であるが，その中で，容器の盗難や紛失を除くと合計8117件である。これをガスの種類で分類すると表1になる。主なガスのみを示しているが，混合ガスは重複してカウントされるため合計数と事故件数とは異なる。水素は6番目に事故件数が多い。液化石油ガスは工場で使われるだけでなく広く社会に流通しており，また，アセチレンや酸素は工事現場などで利用されていることから事故が多くなると考えられる。フルオロカーボンやアンモニアも各種の冷凍設備の冷媒として広く使われている。水素は従来は利用の場所が工場や研究所などに限定されていたが，使用量が多いため事故が多い。その傾向は表2でも読み取れる。表2は，法律上の区分により事故を分類した場合の水素と全ガスの比較を行っている。水素は426件の事故のうち，コンビナート等保安規則の適用される製造事業所が事故全体の48.6％を占めているのに対して，全ガスについては8117件の事故のうちの12.1％と少ない。一般高圧ガス保安規則の適用される事業所での事故も水素では多くなっ

表1　ガスの種類による事故の分類

ガスの種類	事故件数（件）	割合（％）
液化石油ガス	2210	27.2
フルオロカーボン	1235	15.2
アセチレン	1072	13.2
酸素	1066	13.1
アンモニア	687	8.5
水素	426	5.3
窒素	422	5.2
塩素	294	3.6
天然ガス	248	3.1
炭化水素	157	1.9
エチレン	94	1.2
アルゴン	93	1.2
空気	83	1.0

第5章 水素に関連する事故について

表2 事故の区分で比較した水素の事故と全ガスの事故

事故の区分	水素事故中の割合 (%)	全ガス事故中の割合 (%)
コンビ則適用の事業所	48.6	12.1
一般則適用の事業所	35.9	16.8
冷凍則適用の事業所	0	20.9
LP則適用の事業所	0	6.5
消費	9.2	29.2
移動	4.7	9.7
その他	1.6	4.9

ている。冷凍保安規則や液化石油ガス保安規則は水素を対象にしていないため事故もない。一方，消費あるいは移動における事故は，全ガスでは29.2%あるいは9.7%であるのに対して，水素の場合は9.2%あるいは4.7%でかなり少ない。

　表3は，水素の事故426件がどのような状態のときに発生したのか取り扱い状態で整理した結果を示す。水素を使用する状況は多岐にわたるが，通常運転中あるいは通常の反応中で発生した割合は55%を占めている。次にスタートアップ時や貯蔵・充填の作業中，あるいは，消費している場合などで発生している。停止中は，検査や点検の場合や設備の休止中などが含まれるが，ここでも事故は発生している。

　表4は，水素の事故について，水素のみを使用している場合の事故件数と水素と他のガスとの混合ガスとして使用している場合の事故の中でガスの組合わせとして多いものを示した。水素単独の事故件数は全体の66%を占めている。混合ガスについては多種類のガスが集計されているが，炭化水素，ナフサ，軽油あるいは液化石油ガスを合わせると約15%となり，これらは主として石油精製あるいは石油化学関係の事業所の事故と考えられる。

　次に，事故を現象別に分類した結果を表5に示す。事故事例データベースでは，1次事象と

表3 水素の事故発生時の取扱い状態による分類

取扱い状態	事故件数 （ ）内%
通常運転	236 件 （55）
スタートアップ	27 （6）
シャットダウン	12 （3）
貯蔵・充填	24 （6）
定修	8 （2）
工事	5 （1）
移動・輸送	19 （4）
消費	27 （6）
停止	24 （6）
その他	44 （10）

表4 水素単独の事故と混合ガスの事故の主なガス

ガスの種類	事故件数(件)	割合（％）
水素単独	281	66
水素混合ガス 合計	145	34
炭化水素	40	9
窒素	20	5
炭酸ガス	16	4
メタン	16	4
一酸化炭素	14	3
硫化水素	10	2
アンモニア	9	2
酸素	9	2
ナフサ	9	2
軽油	9	2
液化石油ガス	6	1

表5 事故の現象別による分類

現象	水素（ ）内%	全ガス（ ）内%
漏洩	236 件（55）	4840 件（60）
火災	118 （28）	1604 （20）
爆発	50 （12）	751 （9）
破裂	20 （5）	696 （9）
その他	2 （1）	226 （3）

2次事象に分離した分類法が採られているが，ここでは，漏洩から火災になったような場合は2次事象の火災で整理してみた。表5では，事故の約6割が漏洩であるが，その割合は水素の場合は全ガス（酸素や窒素なども含む）に比較するとやや低くなる。一方，火災や爆発の割合は，可燃性ガスである水素は全ガスと較べると高くなっている。破裂に関しては，容器で輸送や貯蔵されることが多い液化ガスのアンモニア（140件）や液化石油ガス（116件）および容器で使用されることが多い酸素（125件）が主なガスになっており，水素の破裂事故の割合は他のガスに比較すると小さい。

水素の爆発および火災の事故（168件）を着火源について整理したのが**表6**である。静電気が最も多くを占める（約36％）が，水素の場合は石油精製や石油化学のプロセスにおいて高温高圧で扱われているため，空気中では自然発火を起こす事故も多い。火花による着火事故も多く，火花として挙げられているのは，グラインダー，電気，溶断，衝撃，衝突などである。また，裸火による着火事故も多く，裸火としては，バーナー，ヒーター，ライター，逆火などが報告されている。

最近の水素ステーションにおける高圧ガス事故について詳細を解析した報告があり，注意事項を指摘している[2)-4)]。2011～2015年の5年間に水素ステーションで発生した事故は28件で，特に2015年に11件発生した。全28件はすべて漏洩事故であるが，漏洩後に着火して爆発が

表6 水素の爆発火災事故の着火源による分類

着火源	事故件数（件）
静電気	61
自然発火	36
火花	23
裸火	18
高温	2
摩擦	2
断熱圧縮	1
爆ごう	1
熱暴走反応	1
その他，調査中，不明	23

起きた事故が1件含まれる。漏洩箇所としてはディスペンサー（ホース，緊急離脱カプラ，遮断弁，充填ノズルを含む）が10件で最も多く，圧縮機（クーラー，吐出部継手などを含む）が8件，蓄圧器（周辺の継手などを含む）が6件，その他の継手が4件であった。

また，漏洩箇所の詳細部分で分類すると，継手の締結部が18件で最も多く，可動シール部が3件，開閉部とホースの母材自体が各2件，蓄圧器の母材自体が1件で，その他として2件であった。水素は漏洩しやすいが，圧力が高いので事故になりやすくなる。水素ステーションの開設からの経過期間についても調べているが，開設から10年を超えるステーションでの事故は8件（全体の29%）で最も多い。一方で，開設から30日以下の新設の事故は5件，30日を超えて1年以下が5件，1年を超えて3年以下も5件であるため，累積数で考えると，開設から3年以内に15件（54%）の事故が起きていることになる。

さらに，2016年には水素ステーションにおける高圧ガス関連の事故は26件起きており，いずれも漏洩事故であるが，ステーションの設置数が116ヵ所（累積数）であるため，ステーションの設置数に対する年間事故件数は0.22になることが報告されている[37]。

3. 水素事故事例
3.1 輸送中の事故
3.1.1 高圧水素ガストレーラの火災爆発事故[5)6)]

1972年5月25日午後1時27分頃，兵庫県姫路市内の国道2号線下り線の交差点で信号待ちをしていた乗用車に後方から大型トラックが追突し，乗用車に乗り上げた上に押しつぶし，さらに前方に停止していた高圧水素ガスのトレーラに追突した。このトレーラは，長さ5.7m，外径約0.3mの長尺容器22本を集結しており，水素の充填圧は14.7MPa（最高充填圧は19.6MPa）でガスの積載量は約1200m³であった。この衝撃でトレーラ後部の取出し配管（内径14.3mm）および弁が破損し水素が噴出するとともに，炎上した乗用車の火炎で着火爆発した。乗用車と追突したトラックの運転手の2名が焼死し，歩行者1名と反対車線を通りかかった車の運転手1名が軽傷を負ったほか，道路の両側の民家と商店4棟が全半焼した。大型

トラックの運転手が居眠りをしていたことが事故の原因とされている．この事故を受けて，トレーラに積載する集結容器に対しては個々の各容器に元弁を設置すること，取出し配管に安全弁を設置すること，容器弁類などは後部バンパから40 cm以上（後部取出し式容器以外の場合は30 cm以上）離すことなどが規則で定められ，可燃性ガスや毒性ガスの積載量の制限もされるようになった．

現場は，片側1車線で両側の歩道も含めて道路の幅員は約15 mであった．車線の反対側に面していた商店までの距離は約10 mあったが，その建屋も全焼していることから火炎はそこまで達していたと考えられる．ただし，水素が激しく噴出して大きな火炎を形成していたのは最初の短時間のみで，消防隊が事故の発生から約5分後に現場に到着した時点ではそのような大きな火炎は認められていない．

3.1.2 高圧水素ガストレーラの火災事故[7)8)]

2014年10月7日午前5時3分頃，神奈川県横浜市内の国道16号線保土ヶ谷バイパス下り線を走行中の高圧水素ガス容器を積載したセミトレーラの右後部内輪タイヤから出火した．容器は炭素繊維強化複合容器（タイプ3，アルミ製ライナー）で，容器長が2.0 m，外径は0.41 mあり，10本を一組にして前後2列を一つのカードルとして車台に緊結されており，当時の充填圧は25 MPa（最高充填圧は35 MPa）で水素充填量は約80 kg（約900 Nm^3）であった．火炎は容器の損傷防止のために使われていたポリウレタン製のゴムキャップ（1個4 kgで，各容器の両端部をカバー）や容器表面のエポキシ樹脂に延焼してカードル内部に火炎が広がった．そのため，容器が加熱されて圧力が上昇し容器の安全弁が作動して水素を上部から噴出させたが，これに着火して火炎が地上高約9 mに達した．

事故後の調査により，発火の原因はブレーキドラムの引きづりといわれる現象で，ブレーキシューがブレーキドラムに押しつけられてブレーキが作動した状態のまま走行したためにブレーキドラムが過熱し，内輪タイヤが発火に至ったと推定された．容器の安全弁は溶栓タイプで各容器の元弁に1個と他端側の配管に1個がそれぞれ設置されていたが，前方の1個所を除いてすべて正常に作動しており，ガスが放出されたので容器自体が破裂することはなかった．しかし，後輪タイヤの直近部にあった安全弁接続配管（材質SUS316L）の湾曲部で亀裂開口が見られた（**図1**）．これは高温になったために強度が低下して内圧により破裂したものと考えられている．

運転手は発煙を確認して路側帯に停車し，車載の粉末消火器で消火を試みたが消火できず，消防に通報した．消防隊は現場に到着後，上部の噴出火炎の消火を避けながら下部への注水を行ったが，カードルの天井と側面はパンチングカバーで覆われていたため，燃焼しているゴムキャップの消火および容器の冷却のための注水は効果が低かったようである．完全鎮火は午前8時であった．このトレーラは川崎市の営業所を出発して名古屋市の水素ステーションに向かう予定で，当日の走行距離は約28 kmであった．

なお，大型トレーラではこの種の発火事故が多発している．国土交通省の統計によると，平成24～26年度の3年間にブレーキが発火源になったトレーラ火災が82件発生している．これはトレーラ火災全体の85％を占めており，国土交通省では発火防止のための注意喚起の啓発

第5章 水素に関連する事故について

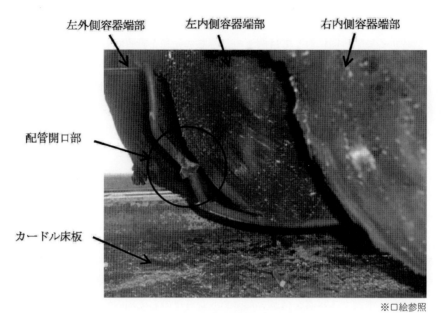

図1　容器の安全弁接続配管の開口部

動画も公開している[9]。ブレーキドラムの引きづりの原因としては，スプリングブレーキチャンバのエア漏れやリレーエマージェンシバルブの不具合などが指摘されている。また，車両1万台あたりの火災件数は，大型トラックの場合は1.0件であるのに対してトレーラの場合は5.3件になることも報告されている。いずれにしても，大型トレーラの火災事故は多発しており，可燃性ガスを輸送する場合は緊急時の処置法を含めて十分な対応策が必要である。

3.1.3　走行中の高圧水素ガストレーラと小型トラックの衝突による火災[10)-12)]

　2001年5月1日午後2時15分頃，米国オクラホマ州タルサ市の北方約40 kmにあるラモーナ町の国道75号線を走行していた高圧水素長尺容器を積んだセミトレーラに並走していた小型トラックが右側から衝突したため，セミトレーラは横転して路側の土手下に落下した。このとき，容器1本が外れて飛散し，弁や配管なども破損したため水素が漏洩した。トレーラの運転手は死亡し，トラックの運転手は重傷を負った。現場の国道は片側2車線で全幅員が50 m以上の広い道路で，民家が点在しているような場所であり，5戸の住民に対して避難指示が出され，道路は12時間以上にわたって封鎖された。

　トレーラには長さ約11.4 mの長尺容器10本（DOT規格3AAX鋼製継目無容器）が固定されており，水素の充填圧は約17.2 MPa，水素充填量は約4000 m^3（温度21℃）であった。噴出した水素は漏れた燃料の燃焼火炎で着火して燃焼した。駆けつけた消防隊は遠方から放水を続け，現場に到着したガスメーカーの専門家とともに容器中に残留するガスの量を推定して処理にあたった。水素の放出の終了が確認されたのは深夜12時過ぎであった。

　10本の容器は両端が鋼板製バルクヘッドで固定されていたが，中段の左側の1本が外れて飛散した。この容器には先端から肩部にかけてねじ切られたような亀裂が残っていた。小型トラックの運転手はトレーラの方から接触してきたと証言したが，小型トラックは事故の前から

− 186 −

蛇行運転状態であったことが目撃されており，衝突の直前には道路右側の道路標識に接触していたことから，水素トレーラは正常な運転状態であったと判断されている。ただし，NTSB（国家運輸安全委員会）は，危険性物質を輸送する場合は横転を含めて事故などで発生する衝撃的な外力に対しても容器，弁，配管，継手などが損傷を受けないようにすることが必要であるとの勧告を行った。これを受けて，CGA（高圧ガス協会）では，技術資料 TB-25 "Design Considerations for Tube Trailers" のなかで長尺トレーラの容器配管類や安全弁の安全対策の強化を定めた。

3.1.4 走行中に小型トラックに追突された液化水素ローリーの火災[13)14)]

2016年6月23日午後8時49分頃，米国オハイオ州フルトン郡の高速道路オハイオターンパイクで，液化水素約 11 m^3 を積んだセミトレーラローリーに後方から小型トラックが激しく追突した。ローリー後部の弁や接続配管などが破壊されて液化水素が流出し，トラックの火災により水素が燃焼した。火災は翌日午後3時30分頃まで続いたが，その間，消防隊は大量の放水を17時間にわたり継続した。液化水素のローリーでこの規模の事故は世界的にも最初のものではないかと指摘されている。内部の圧力は翌日の午後にほぼゼロになり，水素メーカーの専門家により内部をヘリウム置換することで危険性が排除された。事故車両の移動を含めてすべての作業が終了し通行規制が解除されたのは翌日の夜半になった。小型トラックの運転手は衝突時の衝撃により即死した。液化水素ローリーの運転手と同乗者は避難して消防隊に積載物に関する説明を行っている。

現場は農村地帯を走る幅員 50 m 以上もある片側2車線の有料道路である。道路の封鎖は1マイル（約 1.6 km）としたが，民家はきわめて少ないため住民への避難指示は出されなかった。事故の発生する直前の午後7時頃と8時15分頃に現場の前方約 3 km と約 2.5 km の地点で2件の追突事故が続発しており，その影響で現場付近は渋滞にかかっていたと考えられるが，それに気付かずに小型トラックが液化水素ローリーに追突した可能性が高い。

3.1.5 街灯に接触した液化水素ローリーから液化水素の漏洩[15)16)]

2017年10月23日午後10時30分頃，米国ニューヨーク州ナイアガラフォールズ市内のショッピングプラザの駐車場で，液化水素を積載したタンクローリーが街灯の基礎に接触し，ローリーの左側下部に付属する配管弁が破損した。そのため，液化水素が漏洩した。

ローリーには約 49 m^3 の液化水素が積まれていたが，漏洩量は少なかったと報告されている。ただし，報道機関がウェブに掲載している画像ではローリーの側面に白煙が上がっているのが認められる。消防隊は Hazmat Team（危険物処理班）が出動し周辺の道路の規制を行った。ガスメーカーから別のローリーが到着し，残留する液化水素を移液する作業を始めるとともに漏洩箇所に応急措置をして漏洩を止めることができた。すべての作業を終了して緊急措置を終えたのは翌日夕方6時45分頃であった。移液作業自体は約2時間で終えることができたが，当初の予想よりもかなり速く行うことができたとのことである。

現場から約 450 m の範囲の 80～100 戸の住民に対しては屋内退避が指示され，近隣の数戸の住民には避難指示が出された。ショッピングプラザは閉鎖され，隣接するナイアガラフォー

ルズ国際空港も一時閉鎖された。事故は，運転者が駐車場で車を方向転換させたときに判断ミスで街灯に接触したものと判断され，後日，警察から交通違反の反則切符が交付された。

3.1.6 走行中の高圧水素トレーラの水素漏洩火災[17)18)]

2018年2月11日午後1時15分頃，米国カリフォルニア州ダイヤモンドバー市の商店や飲食店などが並ぶ商業地域を通る片側2車線の大型道路を走行していた高圧水素の容器カードルを積載したセミトレーラの後部から水素が噴出し着火して火災になった。運転者は直ちに停車して避難した。水素は，カリフォルニア州ウィルミントンの充填所で充填され，ダイヤモンドバー市内の水素ステーションに配送する途中であった。水素容器は25本のアルミライナー製炭素繊維複合容器を集結して車台に固定されていた。容器の全長は約3m，外径約0.45m，容積約0.313 m^3 で，1本を除いて約50 MPaの水素（質量各10 kg）が充填されていた。

消防は，周辺の約500人に対して避難指示を行うとともに，2台の放水車で容器の冷却のための放水を続けた。鎮火が確認されたのは翌日の午前3時頃であった。

NTSBの予備調査によると，25本の容器のうち20本の容器は火炎の暴露による熱損傷が認められるが，破裂には至っていない。容器の安全弁は12本が作動していたので，水素の放出量は120 kgと推定されている。安全弁はCG-5型（可溶合金と破裂板の併用タイプ）で作動圧が約66.7 MPaのものを使用する設計になっていたが，実際には3本に作動圧が約38.9 MPaのものが使われていた。そのうち2本は作動していた。さらに，安全弁の出口配管はカードルの上方に導かれていたが，ベント配管の7本が継手部で外れており，ガスが噴出するとカードルの内部に放出されるようになっていた。そのために噴出した水素が何らかの着火源により着火したものと考えられる。

容器は6週間前に検査所で受検していたが，不具合を見抜くことができなかった。これを受けて，ガスメーカーは所有する13台の水素容器カードルを調査したところ，1台のカードルで不適切な安全弁の使用があり，また，約半数でベント配管に不適切なものが見いだされた。ガスメーカーおよび検査会社では，安全弁並びに配管の接続に関する検査手順の見直しを早急に行った。

3.2 水素取り扱い設備における事故
3.2.1 発電所における水素の放出に伴う着火燃焼[19)-23)]

発電所では，発電機タービンの冷却に大量の水素が使われているが，発電設備の開放点検時にはこれを放出する必要があり，放出配管が設備されている。そこで着火した例がある。

2004年2月21日午前11時34分，静岡県浜岡町（現在の御前崎市）にある原子力発電所2号機（現在は廃炉）で定期点検のためにタービン発電機を停止し，冷却用の水素の放出を開始して約8分後に，タービン建屋屋上で発煙と火炎が上がっているのをモニター映像を見ていた警備担当者が認めた。直ちに水素の放出を停止し，作業員が現場に上がり火災を確認した後，消火器を用いて消火した。発電機内の水素圧は，放出前は420 kPaで，放出停止後は290 kPaであった。放出配管は屋内は炭素鋼製で，屋外はステンレス鋼製になっており，出口部に30メッシュ（目開き0.50～0.63 mm）の金網が取り付けられていた。事故後の調査で，

放出口に面した屋上床面アスファルトおよび屋上立上がり部の防水塗料が放出口を中心に約 2.5 m の範囲で焼損および熱による損傷があった（図2）。着火の原因としては，水素放出配管に鉄錆が発生し，水素の放出にともなって排出されたことで静電気の帯電が起こり，放出配管出口の正面にあったリング状の非接地金属を帯電させたことからそれが放電したとの結論が出された。

同じような水素の着火事故は過去にも起きており，例えば，1987年6月に兵庫県の火力発電所で発電機冷却用水素の緊急放出テストを行うために緊急放出弁を作動させたところ，屋上に設置されている水素放出口付近で火災が発生し，屋上床面のアスファルト防水層が $25 m^2$ の範囲で焼損したと報告されている。

このようなことから，発電機の冷却用水素の放出配管に対しては静電気対策を行うことや可燃物を排除することなどが1991年に㈳日本電気協会が作成した「発電用蒸気タービン及び発電機の防火対策規程」(JEAC 3718-1991)で定められていたが，2004年の事故はその対応がされていなかったと判断されている。この事故の後，2004年4月に経済産業省原子力安全・保安院電力安全課より電気設備の技術基準を定める省令第35条第4号の規定（発電機内から水素の外部への放出が安全にできるものであること）に関連して「電気設備の技術基準の解釈」の中で，水素冷却式発電機等の施設に関する項目の中にJEAC 3718の規程がそのまま取り込まれた。

ところが，その直後の 2004 年 8 月 24 日午前 10 時 42 分頃，北海道知内町にある石油火力発電所において同様の火災事故が発生している。当日，定期検査を行うために水素の放出を開始したところ，ほぼ同時に大きな爆発音がしたのを中央操作室内の作業員が聞き，屋外にいた作業員からも火災発生の知らせがあった。水素の放出停止後，放出口を確認したところ，火災は鎮火しており，放出口の下方約 2 m にあるシールプレート（アルミ板製，厚さ 2 mm）が約 $1 m^2$ の範囲で焼損・溶損していた。

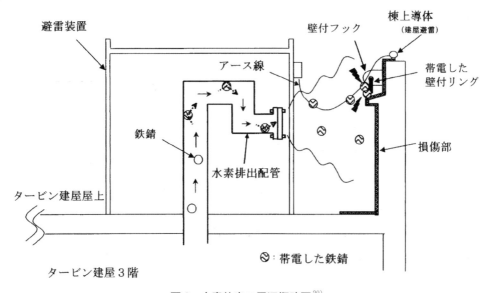

図2 水素放出口周辺概略図[20]

放出管は，炭素鋼（SGP 50A×3.8 mm t）で出口部に 30 メッシュの金網が取り付けてあった。放出管の内部には発錆が確認され，エルボ部には錆の剥離跡も多数認められた。また，金網には網目よりも大きな鉄錆が多数回収された。このことから，水素の放出とともに鉄錆が放出され，静電気が発生して金網面で放電して水素に着火したか，あるいは，放出配管内部で鉄錆がエルボ部などで衝突して摩擦などにより水素に着火した可能性が高いと判断している。

　なお，放出管の出口に金網を設置することは「電気設備の技術基準の解釈」において定めているが，上記の事故の報告書に記載のように放出管の内部での鉄錆の衝突などが着火源であるとすれば，火炎防止が目的の金網は設置の意味がなく，また，鉄錆が金網に衝突することで放電したとするならば，金網がなければ放電の可能性は低くなる。いずれにしても，放出管の位置や構造とともに放出管の出口の金網は再検討の必要があるように思われる。

3.2.2　水素の大量放出実験における自然着火

　水素を大気中に放出すると上記のように鉄錆や砂塵などの微少な固体や水滴を巻き込んで静電気あるいは摩擦などにより着火することが多いため，異物がないと思われる場合でも自然着火を経験することがある。水素の大量放出の実験において自然着火を観測したという報告も繰り返されている。

　1964 年，米国ロスアラモス科学研究所がネバダ州にある実験施設において，ロケットのノズルを使って噴出時の騒音について実験を行っていた際，自然着火が起きている[24]。先端部の高さが地上約 4.9 m で垂直上方に設置したロケットの先細末広ノズルから約 55 kg/s の流速で水素を放出し，10 s 後に流速を低下させたところ，その 3 s 後に着火した。高速度撮影の記録映像によると，流速低下後にノズル付近で着火していた。その後，ファイヤボールが広がり激しい爆発になって施設の建屋などに大きな被害が生じている。ノズルの先端に機器を取り付けるための金属棒が溶接止めされていたが，一端が溶接箇所でちぎれていたので，そのために摩擦あるいは静電気帯電の放電などで水素が着火したものと推察されている。

　最近の例では，国立研究開発法人新エネルギー・産業技術総合開発機構（NEDO）の「水素安全利用等基盤技術開発」プロジェクトの中で，㈶エネルギー総合工学研究所が担当していた水素の安全に関する基礎データを取得する実験でも自然着火が観察されている[25,26]。実験は米国 SRI インターナショナルがカリフォルニア州の実験場で行った。水素を大気中に放出して着火した場合の不均一濃度での火炎の特性を調べる目的で，地上 1 m の高さのノズル（内径 42 mm）から垂直上方に初圧 2.4 MPa で水素を放出したところ，強制着火を行う前にノズルの上方 4～5 m の高さで自然着火して大きな火炎が生じた。着火は放出開始後 0.5 s で，放出量は約 9 Nm^3 であった。初期圧力を 2.75 MPa あるいは 3.1 MPa にした実験も行っているが，いずれの場合も自然着火して大きな噴流火炎になった。図 3 は，初期圧力が 2.75 MPa のときの着火火炎である。着火源については不明と記載しているが，強制着火用電極，水素濃度測定用サンプリング管および圧力センサーなどが周囲に設置されているポールに取り付けられていたので，高速噴流の中でこれらに静電気が起こり放電して着火した可能性が考えられる。なお，初期圧力が約 0.5 MPa で放出した場合は自然着火は起きていない。

　事故ではないが，高圧水素を日常的に大気放出している設備の放出管で自然着火を起こす例

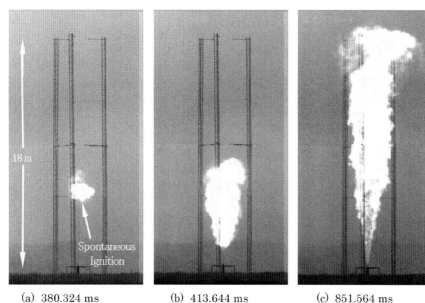

図3 水素の大気放出実験における自然着火火炎(圧力 2.75 MPa)[26](許可を得て転載)

として,水素ステーションのケースを紹介する。定期点検などの場合にのみ大量の水素を放出する発電設備と異なり,水素ステーションでは設備の始動点検時やディスペンサーや配管などから残留水素ガスを廃棄することが頻繁に行われているが,放出口で水素が自然着火することがある。そのため,放出管の先端が高温焼けしている例が国内外で見られる[27)-29)]。図4は,米国カリフォルニア州にある水素ステーションの放出管の写真である。右側のベントスタックの先端が熱により変色している。周囲に可燃物がないので,水素が着火燃焼しても水素の放出が終われば消炎するため,火災になることはない。周囲から目視できるようにしておくことも火炎が異常燃焼を起こした場合などに早期覚知できるので必要と思われる。

(3) 水素ステーションにおける蓄圧器の清掃中の爆発[30)]

2014年12月9日午前11時55分頃,大阪市の水素ステーションにおいて蓄圧器の中を掃除機で吸引していたところ,掃除機が爆発し,作業員が火傷を負った。当日,蓄圧器の開放検査を行うため水素を放出した後,窒素で置換を5回行い,水素ガス検知器を用いて置換されていることを確認した。その後,ファイバースコープを使って内部の検査を始めたが,微細な異物が認められたため,掃除機のホースを挿入して吸引を試みたが,開始後10分ほどして掃除機が爆発した。

調べたところ,蓄圧器からベントラインが隣接する水素製造装置からベントラインと合流する構造になっていたため,水素製造装置から排出された水素が蓄圧器のベントラインに逆流し,蓄圧器まで水素が流れ込んだため,吸引された水素が掃除機のモーターで着火爆発したものと結論された。作業の前に蓄圧器のベントラインに仮設の手動弁を取り付けていたが,ガス置換を行うために手動弁は開になっており,置換作業を終了した段階で閉にするべきであるのを見逃していた。

第5章 水素に関連する事故について

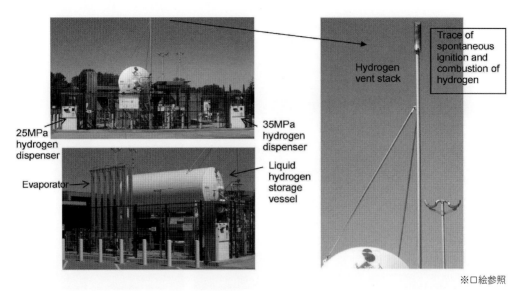

※口絵参照

図4 水素ステーションの放出管の先端に見られる熱変色[27]（許可を得て転載）

3.2.4 水素ステーションにおける蓄圧器からの水素の漏洩[31]

2013年12月12日午後0時23分，栃木県の水素ステーションで水素充填設備の蓄圧器に設置したガス漏洩検知警報器が作動し，水素の漏洩が確認された。漏洩量は1 m^3 と推定された。この設備は完成検査を終えて12月4日より試運転を開始していた。水素を94 MPa程度まで昇圧しながら蓄圧器（設計圧力99.0 MPa，材質SNCM439）に貯蔵した。当日は蓄圧を完了して待機中であった。人的被害はない。

蓄圧器の内部を調べたところ，容器肩部の内面に亀裂が認められた。容器製造時の熱処理の際に初期割れが生じ，その後の機械加工において表面の割れに気付かず，そのまま割れが残った状態で高圧水素を充填したため割れが進展し脆性破壊に至ったと推定されている。この材料自体はこのような高圧水素の環境では遅れ破壊が生じやすいものと考えられている。

3.2.5 水素ステーションにおける水素放出管出口の火災[32]

2012年5月4日午前7時45分，米国カリフォルニア州エメリービル市の路線バス運営公社ACトランジットのターミナルにある水素ステーションで，リリーフ弁のひとつから水素が噴出し放出管で着火して噴出火炎となった。最初に大きな音がして火炎が広がるのが目撃されている。火炎はキャノピーの屋根の塗装などを燃やした。まもなく火は消えたようであるが，水素の流出が約2.5時間続いた。人的被害はなかったが，消防隊は周辺の住宅，商業ビル，学校などのある地域で東西約500 m，南北約500 mのブロックを避難の対象として指示した。午前10時過ぎには蓄圧器の圧力が低下し，ガス供給会社のスタッフがリリーフ弁の元弁を手動で閉めて漏洩が止まった。安全が確認された後，午前11時頃に規制が解除された。水素の流出量は300 kgであった。液化水素の貯槽や水素製造電解設備なども隣接していたが，それらには影響がなかった。

ステーションの管理者，ガス供給会社および消防隊の三者の間で情報意思伝達がうまく進め

られていなかったことと，水素の放出管の構造と設備の監視システムが緊急事態に対応できなかったことが事故の終結を遅らせたと指摘されている。圧力リリーフ弁に関しては，50 MPaの蓄圧器に設置した圧力リリーフ弁（設定圧力約53.6 MPa）の部材としてSUS 440Cが使われていた。この鋼材はマルテンサイト系の高硬度鋼で，高圧水素に適さないことが知られている。そのため，水素脆化が進み，亀裂が生じて水素が漏洩着火した。

3.2.6 水素ステーションにおける水素の放出に伴う放出管先端の変形[33]

2016年3月8日午後1時51分，埼玉県の圧縮水素ステーションで水素出荷カードルの充填作業を終えて配管などの水素を放出するための脱圧操作を行っていたところ，ディスペンサーの安全弁と蓄圧器の安全弁が作動して大量の水素が放出され，放出管の途中にある水封式安全器の水を伴って放出管から噴き出した。これにより放出管の先端の湾曲部が変形した。水素の漏洩量は48 m^{3}と推定されている。

脱圧の作業は，現場と連絡を取りながら，事務所内の制御盤で遠隔操作を行う。配管部分の脱圧操作を完了して，次の操作である容器充填用ディスペンサー廻りの脱圧操作も続けて行った。このラインには自動放出弁と放出速度調整用手動弁が付いていたが，容器充填用ディスペンサーでは手動弁で調整する必要がないと考えられていたため，開度の調整が行われておらず，自動弁の操作により放出管に過度の水素が放出された。ところが，燃料電池自動車に充填するディスペンサーの安全弁の放出管も容器充填用ディスペンサーの自動放出弁の放出管に合流していたため，自動車充填用ディスペンサーの安全弁の二次側に放出管側からの水素の背圧が掛かった。安全弁の構造上，背圧が掛かると安全弁が作動するため，自動車充填用ディスペンサーの安全弁が作動し，さらに，同じ配管系統にある蓄圧器（82 MPa）の安全弁も同様に作動した。その結果，大量の水素が放出され，放出管の能力を超えた水素が流れて先端の湾曲部が変形した。安全弁の構造と機能を認識し，それに適した設備の設計と運転が必要である。

3.2.7 水素ステーションにおける充填ホースからの水素の漏洩[34]

2014年7月17日午後3時50分頃，愛知県にある充填試験用の水素ステーションで充填試験を終了後，充填ホース内の圧力が急激に低下した。作業員が漏洩音を覚知したが，携帯用ガス検知器でも漏洩が確認されたため，設備を停止した。人的被害はなかった。

事故の当時は，樹脂製の充填ホースの耐久性を実証するために繰返し充填試験を行っていた。年間充填回数として945回を想定した試験であるが，事故発生までに通算130回の充填を行った。調べたところ，ホースは3層構造の樹脂製で，ディスペンサー側接続部付近に亀裂があった。内層の樹脂の内面の亀裂は長さ2.5 mmであり，その外面の亀裂は1.4 mmで，外層には1.5 mm×2.0 mmの貫通穴が生じていた。

ホースのメーカーが新品を使った充填試験を行ったところ，低温の液圧インパルス試験では亀裂の発生は見られなかったが，水素を用いた試験では事故と同様の亀裂が発生した。このことから，水素，低温，高圧，曲げの複合的な環境下により充填ホースの内層樹脂内面に亀裂が生じ，充填操作が繰返されたことで亀裂が成長して貫通に至ったと結論された。

なお，2013年12月3日にも充填ホースの亀裂による水素漏洩の事故が起きており，充填ホー

スを屈曲した状態で低温充填を繰返すと亀裂を生じやすいことが認識されている。樹脂やゴムなどは金属材料と異なり，組織が不均一になるため，疲労割れなどの起点が生じやすい。製品情報や使用状態について確実に把握して維持管理にも注意する必要がある。

3.2.8　水素ステーションにおける水素トレーラ供給ホースの水素漏洩火災[35)36)]

2010年8月26日午後0時45分頃，米国ニューヨーク州ロチェスター国際空港敷地内にある水素ステーションで，ガスを供給するための高圧水素のトレーラの交換作業をガスメーカーの作業員がひとりで行っていたところ，爆発が起こり火炎が発生した。その後，しばらく小さな火炎が地面近くで続いた。この事故で作業員が腕と顔に火傷を負った。道路の反対側にある店舗の店員も軽傷（耳鳴り）を負った。

現場に到着した消防隊は水素の漏洩が続いていることを確認し，そのまま燃焼を継続させたが，約90分で火炎が収まったため泡消火を行った。タイヤが燃えたため大量の黒煙が上がるのが目撃されている。周辺の半径約800 m（1/2マイル）の区域に避難指示が出され，空港もターミナルの一部が50分間閉鎖されて航空機の発着が停止された。水素がほぼ空状態の低圧のトレーラと水素が充填されているトレーラのいずれも火災により後部が焼損しており，翌日，ガスメーカーが容器に残留する約1100 kgの水素を大気中に放出廃棄したが，その音が大きいため少量ずつ放出せざるを得ず，全量を廃棄するのに5時間を要した。なお，水素の漏洩の原因については明らかにされていないが，最初に低圧のトレーラ側の充填ホース付近で爆発が起こり，次に高圧のトレーラ側で爆発したということであるが，低圧のトレーラの充填ホースの末端のカシメ部周辺で何らかの理由により漏洩が起こり，漏洩した水素が着火したのではないかと見られている。

4. おわりに

水素は新規物質ではなく，古くから利用されている馴染みのある物質であるが，新しい技術で利用する場合，それに対応した安全対策が必要となる。現在ではあらゆる機械，装置，設備，システムなどに対してリスクアセスメントを行うことが必須となっているが，そのためには，ハザード（危険源）を特定する作業をしなければならない。ハザードの特定には，過去の故障，トラブル，事故などの情報を活用することが不可欠となっており，たえず情報を収得し整理する努力を重ねることが求められている。本章では水素に関連した事故の傾向と最近の事例を中心にいくつかの貴重な事故の経験を紹介した。

文　献

1) 高圧ガス保安協会：事故事例データベース, https://www.khk.or.jp/Portals/0/resources/activities/incident_investigation/hpg_incident/dl/incident_db_2017.xlsm (2018).
2) 高圧ガス保安協会：水素スタンドにおける事故の注意事項について, https://www.khk.or.jp/Portals/0/khk/rdc/2018/2016_03_suiso.pdf (2017).
3) 加藤一郎：高圧ガス, **54**(12), 1155 (2017).

4）高圧ガス保安協会：圧縮水素スタンドセーフティテクニカルガイド, 下巻, 160-168 (2017).
5）姫路市消防局：火災, **22**(4), 235 (1972).
6）高圧ガス保安協会：高圧ガス保安協会報, **96**, 9 (1972).
7）中田雅之, 遠藤正和：火災, **66**(5), 8 (2016).
8）経済産業省産業構造審議会保安分科会高圧ガス小委員会：最近の水素スタンドにおける事故状況について, http://www.meti.go.jp/committee/sankoushin/hoan/koatsu_gas/pdf/007_10_00.pdf (2015).
9）国土交通省自動車局審査・リコール課：トレーラ火災の原因と防止について, https://www.youtube.com/watch?v=yiSAXVrY9W0.
10) National Transportation Safety Board：Release and Ignition of Hydrogen Following Collision of a Tractor-Semitrailer with Horizontally Mounted Cylinders and a Pickup Truck near Ramona, Oklahoma, May 1, 2001, NTSB/HZM-02/02 (2002).
11) National Transportation Safety Board：Safety Recommendation H-02-023, http://www.ntsb.gov/safety/safety-recs/recletters/H02_23_25.pdf (2002).
12)（特非）失敗学会：失敗知識データベース, 水素ボンベ運搬トレーラーと小型トラックの衝突による火災, http://www.shippai.org/fkd/cf/CA0000448.html (2001).
13) Archbold Buckeye：http://www.archboldbuckeye.com/news/2016-06-29/Front_Page/Hydrogen_Tanker_Crash_On_Ohio_Turnpike_Kills_One_S.html (2016).
14) The Blade：http://www.toledoblade.com/local/2016/06/25/Turnpike-due-to-reopen-after-fiery-fatal-crash.html (2016).
15) Niagara Gazette：http://www.niagara-gazette.com/news/local_news/emergency-responders-clear-hydrogen-tanker-crash/article_ab670a85-7c1a-5b8e-8220-1463761617e7.html (2017).
16) The Buffalo News：http://buffalonews.com/2017/10/24/haz-mat-situation-closes-military-road-town-niagara-truck-accident-wegmans-parking-lot/ (2017).
17) ABC Eyewitness News：http://abc7.com/evacuation-lifted-after-hydrogen-tank-explosion-on-semi-truck/3068078/ (2018).
18) National Transportation Safety Board：Preliminary Report, High-Pressure Hydrogen Gas Cylinder Fire During Transportation, HMD18FR001-preliminary, https://www.ntsb.gov/investigations/AccidentReports/Reports/HMD18FR001-preliminary.pdf (2018).
19) 中部電力㈱：浜岡原子力発電所2号機タービン建屋屋上における火災について (2004).
20) 経済産業省原子力安全・保安院：電気事業法第106条第1項の規定に基づく報告徴収の原子力安全委員会への報告について (2005).
21) 鶴田俊, 坂巻保則：消防研究所報告, **100**, 153 (2006).
22) 北海道電力㈱：知内発電所1号機タービン建屋屋上における火災について (2004).
23) 鈴木健：消防研究所報告, **117**, 20 (2014).
24) R.Reider, H.J.Otway and H.T.Knight：*Pyrodynamics*, **2**, 249 (1965).
25) ㈶エネルギー総合工学研究所：水素安全利用等基盤技術開発, 水素に関する共通基盤技術開発, 水素基礎物性の研究（その1）平成15年度-平成16年度成果報告書, ㈱新エネルギー・産業技術総合開発機構, 38-46 (2005).
26) 佐藤保和：安全工学, **44**(6), 407 (2005).
27) 高圧ガス保安協会：平成17年度経済産業省委託燃料電池システム技術基準に関する技術調査報告書, 161 (2006).
28) T.Imamura, T.Mogi and Y.Wada：*International J. Hydrogen Energy*, **34**(6), 2815 (2009).
29) F.Rigas and P.Amyotte：Hydrogen Safety, 161-162, CRC Press, Boca Raton (2013).
30) 高圧ガス保安協会：高圧ガス事故概要報告, 圧縮水素スタンドにおける蓄圧器の清掃中の火災, https://www.khk.or.jp/Portals/0/resources/activities/incident_investigation/hpg_incident/pdf/2014-349.pdf (2016).
31) 山田敏弘：高圧ガス保安協会総合研究所平成29年度第3回水素安全技術セミナー要旨集, 水素に係る高圧ガス事故について (2017).
32) A.P.Harris and C.W.San Marchi：Investigation of the Hydrogen Release Incident at the AC Transit Emeryville Facility (Revised), Sandia Report SAND 2012-8642 (2012).
33) 高圧ガス保安協会：高圧ガス事故概要報告, 圧縮水素スタンドの水素漏えい, https://www.khk.or.jp/Portals/0/khk/hpg/accident/ippan_soku/2016-082.pdf (2018).

第 5 章　水素に関連する事故について

34) 高圧ガス保安協会：高圧ガス事故概要報告, 圧縮水素スタンドの充てんホース部から水素ガス漏えい, https://www.khk.or.jp/Portals/0/resources/activities/incident_investigation/hpg_incident/pdf/2014-182.pdf (2016).
35) YNN Rochester：http://rochester.ynn.com/content/515370/ (2010).
36) Democrat and Chronicle：http://www.democratandchronicle.com/article/20108270322/ (2010).
37) 高圧ガス保安協会：水素スタンドにおける事故の注意事項について, https://www.khk.or.jp/Portals/0/khk/hpg/accident/2018/2017_03_suiso.pdf (2018).

第6章

九州大学における水素施設の安全対策
― ヒヤリハット実例を中心に ―

九州大学　井上　雅弘

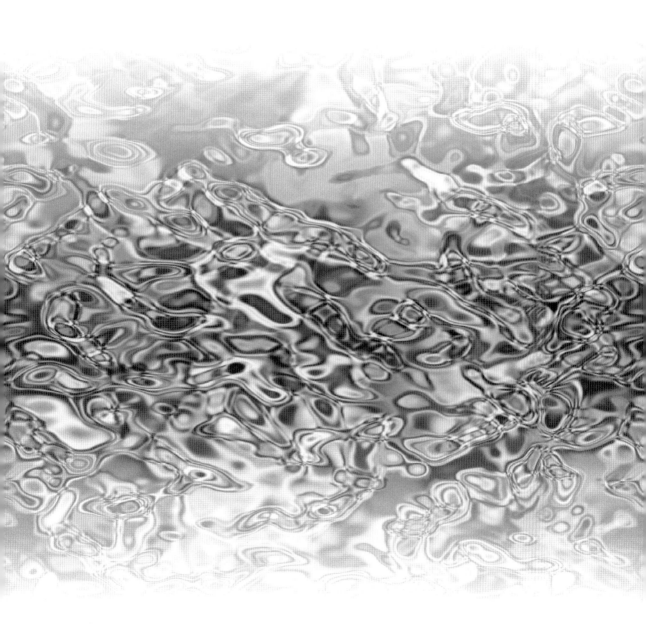

1. はじめに

　九州大学は世界最先端の水素関連研究を行う多くの施設を管理している。いくつかの施設では100 MPa超の圧力の水素が実験に用いられている。また，実験装置はその分野での1号機であることも多く，水素漏洩事象を想定しておかなければならない。このため，ハード，ソフトにわたる対策を行っているが，ヒヤリハット報告書の提出義務づけと利用者への周知もその一つである。本章ではこれらの水素安全対策について述べる。

　我が国では安全対策に力を入れており，災害発生率はかなり低くなっている。このような状況が続くと作業従事者の安全対策が形式的になる恐れがある。対策を形式に終わらせないためには対策の理由を理解することが必要である。水素の安全対策も同様であり，このためには水素の性質について理解する必要がある。本章ではまず，水素の安全に関係が深い性質についてまず説明する。

　ヒヤリハットが災害防止に有効なことは言うまでもないが，これは過去の災害に学ぶ方法である。この意味で災害が少なくとも1回は発生することになる。これからは災害の可能性を予見して，災害なしに安全を確立することが，我が国のとるべき手法と考える。これにはリスクアセスメントが考えられるが，このためにも水素の性質の理解は重要である。

2. 水素の性質

　水素は窒息を除き人体には無害なので，水素の安全性は燃焼，爆発に関することとなる。ここでは都市ガスとして身近なメタンを取り上げ，水素との比較を表1に示す。この表から水素はメタンと比較すると発火温度を除いて物性が大きく異なっていることがわかる。

2.1　水素の燃焼は多様

　水素の燃焼状態はその濃度で大きく異なる。例えば水素濃度8%では燃焼速度は遅く，音もほとんど発しない。図1は小型水平ダクト内の水素濃度7%の場合の燃焼である。このダクト内では左側の点火位置より右側に向かって燃焼するが，ダクト上方の水素が燃焼し，下側の水素は燃焼していない。この燃焼はダクト内に水滴がつくことで確認できる。

　このような一端が開放された容器で高濃度の水素を燃焼させる場合，開放された側から着火

表1　水素とメタンの物性[1]

物性	単位	水素	メタン
密度（常圧, 20℃）	kg/m^3	0.0838	0.651
動粘度（常圧, 20℃）	m^2/s	105×10^{-6}	16.6×10^{-6}
発火温度（点）（空気中）	℃	572	580
可燃範囲（空気中）	Vol %	4〜75	5〜15
拡散係数（空気中）	m^2/s	6.1×10^{-5}	2.0×10^{-5}
音速（0.101 MPa, 25℃）	m/s	1308	449
最小着火エネルギー	mJ	0.02	0.28
消炎距離	mm	0.64	2.2
理論混合比（空気中）	Vol %	29.53	9.48
燃焼速度（空気中）	m/s	2.65	0.4

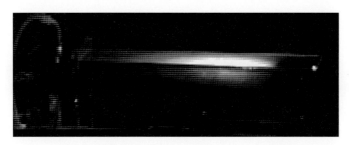

図1 水素濃度7%の場合の水平ダクト内の燃焼

した場合，燃焼ガスは開放側に流れて，内部の水素に影響しないので燃焼速度はほぼ一定であり，さほど強い燃焼にはならない。しかし，密閉側から着火すると燃焼ガスはまだ燃焼していない水素を開放側に向かって押し出すので気流を生じる。このため，燃焼速度が増大し激しい燃焼を生じる。

図2は一辺が120 mmの容器内を水素濃度20，22，24%として点火した場合の燃焼の状態と圧力変化を示している。20%を超えると激しい燃焼となり，わずか2%の濃度差でも燃焼は明らかに異なる。水素は濃度を正確に制御することが重要である。

2.2 水素は着火しやすい

水素は最小着火エネルギーがメタンなどより1桁小さい，つまり着火しやすいことが特徴である。図3に示すようにメタンの0.28 mJに対して水素は0.02 mJである。ここで，横軸の当量比は燃料と酸素の比を表し，1は燃料と酸素が過不足なく完全に燃焼できる場合で，1以

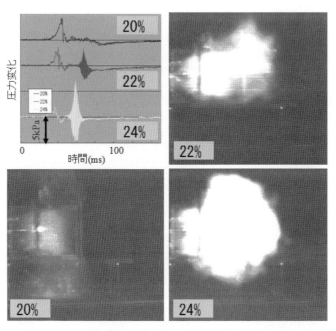

図2 小型容器内の水素濃度が20，22，24%の場合の燃焼状態と圧力変化

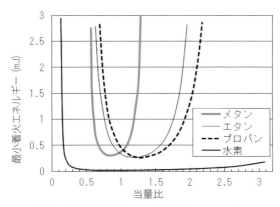

図3 各種可燃性ガスの最小着火エネルギー

上は燃料が多い場合である。水素の最小着火エネルギーは他の可燃性ガスに比べても小さい。

この値がどれだけ小さいかは，次の例で示したい。乾燥した季節には，人はよく静電気を経験する。2kV程度の帯電電位（E）は普通に生じる大きさであり，そのとき人は，かすかな放電音や指先の軽いショックで静電気を感じる。人体の静電容量は100 pF程度で[2]あり，帯電電位が2kVでは，かすかな放電音と指先に感じる程度である。これは誰でも経験したことがある静電気である。放電エネルギーは$CV^2/2$で定義される。2kVのときのエネルギーは0.2mJとなり，メタンの着火には不足であるが，水素の着火には十分なエネルギーである。これまでメタンなどの可燃性ガスには有効であった静電気対策が水素には有効でない可能性がある。今まで大丈夫だったからという経験者がかえって災害を起こす可能性があり，この点は最も危惧される。また，純水素の噴出では自然には発火しないが，高圧水素が破裂板より放出されたり，さびなどの固体粉末を伴うと静電気スパークで発火することがある。

2.3 水素は可燃範囲が4～75%と広い

図4に各種可燃性ガスの燃焼範囲を示す。水素の可燃範囲は他の可燃性ガスに比べて大変広いことも特徴である。このことはよく強調されるが，およそ可燃性ガスが漏洩して集積すればどれも危険である。メタンは当たり前であるが砂糖や小麦粉でも爆発する。火災の3要素として，空気，燃料，着火源が挙げられるが，私たちの身の回りには空気があるのは普通であり，もし漏れた場合には，着火源さえあれば燃焼するのである。

なお，燃焼には方向性があり，水素は上方には4%以上で燃焼が伝播するが，水平には6%以上，下方には9%以上で伝播する[3]。図1で燃焼が下に広がらないのはこれが理由である。

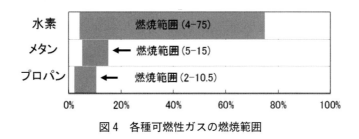

図4 各種可燃性ガスの燃焼範囲

また燃焼には「爆燃」および「爆ごう」の2つの形態がある。爆ごうは衝撃波を伴う激しい燃焼で圧力が高く15～20気圧になると言われている[4]。水素は拡散係数が大きいという性質もあり、水素配管をバルブで閉じていないと、配管奥部まで燃焼が伝播することがある。

2.4 水素は消えにくい

消炎距離が小さいことも水素の特徴である。消炎距離は炎がどれくらい小さな隙間を通ることができるかを示す指標である。図5に各種可燃性ガスの消炎距離を示す。メタンの2.2 mmに対して水素は0.64 mmとかなり小さい。燃焼装置周辺には安全のために、なんらかの不具合で燃焼がガスの供給側に伝播しないように、配管の途中にフレームアレスター（逆火防止装置）をつける。この装置のポイントはガスを細かい隙間を通して流すことにある。このとき、メタンであれば2.2 mm以下の隙間であれば炎は伝播しないが、水素では0.64 mm以下でなければならない。つまり、メタン用のフレームアレスターは水素には役に立たない。また、爆発性雰囲気の場所では、照明、センサーなどは着火源とならない構造としなければならない。これを防爆とよんでいる。防爆機器の多くは隙間を小さくして、機器の内部で着火しても外部に伝播しない構造としている。このとき、やはり水素は消炎距離が小さいので従来のほとんどの機器は防爆とはならない。水素は防爆に一層高度な技術が要求される。

2.5 水素は燃焼速度が大きい

図6に各種可燃性ガスの燃焼速度を示す。燃焼速度はメタン0.4 m/sに対し水素2.65 m/sでありかなり大きい。この燃焼速度は容器内のガスが静止している場合の値であり、流れがあるとより速くなる。例えば容器内で撹拌のためのファンを回していると、回していない場合と比べて格段に燃焼が速くなる。密閉に近い容器で燃焼した場合、水素は短時間で体積が膨張するので高圧となり、周辺のものを破壊する可能性が大きい。

2.6 他のガスの影響

水素と通常の空気と混合した場合の可燃範囲は4から75%であるが、この水素-空気混合気に、二酸化炭素など他の希釈ガスを混合するとその可燃範囲は狭くなる。図7はこの希釈ガス

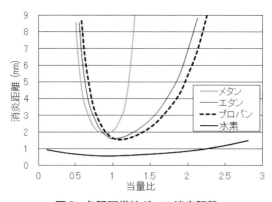

図5　各種可燃性ガスの消炎距離

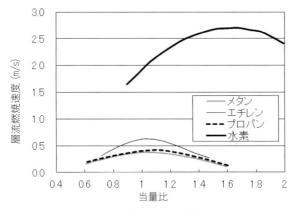

図6　各種可燃性ガスの燃焼速度

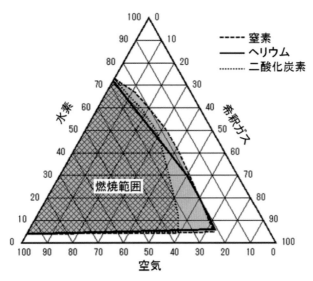

図7　水素燃焼におよぼす希釈ガスの影響

の影響を示している。例えば CO_2 の濃度が58%以上では，水素と空気はどういう割合でも燃焼しない。窒素の濃度72%以上でも同様に燃焼しない。また，どのガスの場合でも空気濃度がほぼ19%以下になると水素は燃焼しない。

3. 施設の安全対策
3.1　対策の概要
　九州大学では，水素関連施設の安全対策として一般に以下の対策を実施している。
ハード面での対策
　・ガス集中配管・窒素希釈排気，警報，保安インフラの整備
　・ガス漏れ警報（第2段）時の水素ガスのボンベ口での遮断
　・ガス漏れ警報（第2段）時の実験エリアの電源遮断
　・水素防爆仕様

- 実験エリアを厚いコンクリート壁で施工し，周りに危害が及ばない安全性を確保
  （学生や通行人の安全への配慮）
- 水素防爆の為に，各実験室の入り口に前室を設置して，スイッチ関係を前室に集約
- 窓ガラスは安全ガラスを用い，窓外に防護壁を設置
- 実験で用いる水素などの排ガスの排気設備
- 水素が室内に集積しないための，数回／時の常時換気設備
- 安全設備や長時間材料疲労試験のための無停電電源システム

ソフト面での対策
- 水素利用実験従事者に対する安全講習会の実施（実験従事前の受講を義務化）
- 高圧ガス製造有資格者（甲種）の配置
- 保安員による常駐監視（4時間毎に水素を使用する全ての実験装置をチェック）
- ヒヤリハット報告書の提出義務づけと利用者への周知
  （月1回開催の安全衛生会議にてヒヤリハット報告書に関する対応策を検討）

3.2 警報時の対応

警報時の対応は施設の目的により一部異なるが，基本的に以下のようである
水素材料先端科学研究センター
○第1段警報；水素 1000 ppm
　該当室
　　① H_2 遮断弁「閉」
　　②パトライト点灯，当該フロアの警報ブザーが鳴動
　　③有圧扇運転・シロッコファン運転
　　④空調機停止
○第2段警報；水素 2000 ppm
　該当フロアの各室
　　① H_2 遮断弁「閉」
　　②パトライト点灯，全館で警報ブザーが鳴動
　　③有圧扇運転・シロッコファン運転
　　④空調機停止
　該当室：コンセント電源遮断
　廊下
　　①パトライト点灯
　　② PSファン運転
　　③ボンベ庫 H_2 緊急遮断弁「閉」

3.3 ヒヤリハット

本学の水素関連施設では，ヒヤリハット報告の提出とその周知を行っており，2006〜2014年まで100件程度の報告がなされている。これらの中には固有の事象を示すものもあるが，共通

するところも多い。この分析をもとに水素を安全に使うための留意点について述べる。

ヒヤリハットを発生事象で分類すると実際に水素が漏洩した事象が過半以上である。次に誤報・不要警報，ガス供給設備異常と続く。次々に新しい設備が導入されているので電気関係の報告も多い。圧力は 1 MPa 未満の事象が多い。超高圧（15 MPa 以上）では数は少ないが大きな漏洩を起こしている。シール関係の予測困難な事象，例えば O リングは水素膨潤による破損が見られる。代替可能なシール方法は見あたらないので，最も注意が必要である。大気圧から 100 MPa までの圧力変化は，単純に計算すれば，体積が 1000 倍変化することであり，シール材に大きな負荷を与えている。超高圧シール技術はいまだ開発途上と認識すべきである。

原因で分類すると，ヒューマンエラーに起因するものが約半数と多い。大学の特徴として学生の存在があげられる。実験従事者のかなりの割合が毎年入れ替わる。この意味で常に新人が水素設備を扱っている。このため，毎年実験前の安全講習は必須である。熟練者やある程度経験のある者の事象も多い。これは他の産業でも見られることであるが，熟練者は新人では困難な作業に従事するためと考えている。あるいは熟練者だからこそ，従来の経験に頼っていると考えられ，熟練者には連絡不備，手順無視が目立つ。業者による事象も 15% あり，その 3/4 は連絡不備である。規則だけを押しつけても，守らない人が出てくる。目の前の能率は下がっても，手順を守る姿勢を強調すること，納得のいく理由の説明が必要であろう。なお，ガス関連は警報が出るので必ず報告されているが，それ以外の事象が発生しているが報告されていないことも考えられる。

装置の故障は，故障率の高い初期故障期，偶発故障期，経年劣化による摩耗故障期の 3 つに分けられる[5]。本学のヒヤリハット事象も同様で初期には装置の中に潜在していた設計ミス，工事の欠陥などが多く現れた。その後，ヒューマンエラー的な装置の故障にはよらない事象が増えている。最近では経年劣化的な事象も見られるようになった。発生する問題は時間とともに変化する。超高圧や高温での実験があるので，劣化も早く進むと考えられる。経年劣化で故障しそうな部品を予防的に取り替えることを目指す必要がある。

背景的な要因で分析すると次のよう順番になる。（ ）内は件数。

1) 設備不備（19）：排出水素の再循環による不要警報（5）が目立つが，過大なファンが原因である。排出された低濃度の水素を含む空気は通常の空気と同じような挙動をするので必ずしもすぐ近くのセンサーが発報するとは限らない。
2) 教育不足（18）：教育やマニュアルの改善が必要である。マニュアルが複雑過ぎ，あるいは，「全て書いてはある，しかし，どこに書いてあるかわからない」という可能性がある。
3) 締め付け不足（18）：配管の継ぎ手は漏洩すると考えるべきであるが，該当箇所が多いので点検に手間を要する。超高圧では接続部に少し力がかかると漏れたり，増し締めをして却って漏洩した事例もある。点検しやすい設計，ゆるむ原因の究明が必要だろう。
4) 経年劣化（9）：高圧以上では劣化のデータを蓄積する必要がある。
5) 忘れた（8）：ヒューマンエラーであり，マニュアルを検討すべき。
6) 排気問題（6）：排気ラインの圧が高くて排出水素が逆流する。設備不備とも言える。これは窒素希釈排気のため，排気ラインが大気圧より高いことと，実験者の一部がこのことを

認識していないことが原因である。
7) 想定不足（3）：想像力の不足による事象。例えば，耐久試験では，対象物が破損することは当然予期すべきであり，その結果としての水素漏れへの対策が必要。
8) 違反（2）：ファンがうるさいので不使用。設備不備とも言える。静かな防爆ファンの開発を望みたい。
9) 酷環境（2）：パイオニア的な実験では避けることが困難である。細心の注意を払いながら実施する。高圧以上の場合パッキン類の破壊は要注意である。

　水素警報の設定濃度は低いほどよいわけではない。少しの漏洩で警報が鳴り，作業が止まることになる。警報と電源遮断が連動していると長期間の試験をしている場合には試験はやり直しとなることもある。合理的な設定が望まれる。また，装置の警報が鳴っているときに担当者がいないと対応に非常に困る。わかりやすい緊急手順（必要なのは担当者ではない人であることに留意）を装置の目立つところに掲げておくとよい。

3.4　ヒヤリハット解決例：水素は軽いから直ぐ上にいくのか

　ヒヤリハット報告から，実験していない部屋の水素濃度が上昇し，安全システムにより電源が遮断される事例がいくつか見られた。本建屋の規定では水素センサーで 500 ppm の濃度が検知されるとそのブースの電源が遮断され，1000 ppm を超えるとその部屋全体の電源が遮断される。最初はこの原因が不明であった。内部の配管から水素が漏れているとすると一大事である。総合的な検討から，ある部屋の実験において大量の水素を排出した際に，別の部屋の水素濃度異常が検知されるようであった。その水素はどこから来ているのか。最終的に屋上の排気口より放出した水素が，それよりかなり下にある実験室の吸気口から入っているのではないかと推定された。図8に示す建物の屋根より1m高い位置（矢印1）に排気口がある。水素濃

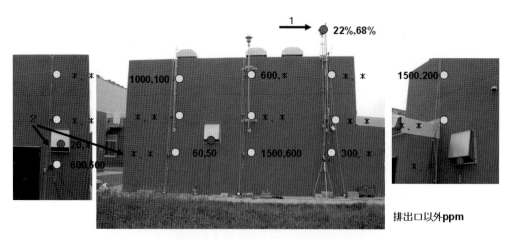

図8　実験棟（HY21）周辺の水素濃度測定結果

風向南東（左側の手前から吹いている），風速約 10 m/s（変動大）。濃度は 450 L 放出の 1 回目と 2 回目の最高値（ppm，排出口は%）。＊は検出していないことを意味する。100%用，10%用，1000 ppm 用のセンサー使用。左右の写真は建物の左右を撮ったもの。

度異常が生じたのは写真の左側の入気口につながる実験室（矢印2）である。このように排出口より相当低くかつ離れた場所にまで水素が流動するのであろうか。そこで，写真に示すようにセンサーを建物の周りに設置し，水素450Lを一気に放出した。同図に示すように，排気口直近での水素濃度は22および68%である。問題の実験室の入気口の濃度は600および500 ppmであった。その他の箇所で濃度は最高で1500 ppmが観測されたが，全く観測していない場所も多い。また，建物周りの水素の滞留時間では最長で400秒程度水素が観測されている。念のため，本建屋の屋上にて発煙筒を使用し煙の流れを確認したところ，煙は建物周囲を取り巻くように流れることが確認された。これらの結果から排気口の高さを高くすることとなった。

3.5 水素濃度の管理が硬直化してないか

　水素使用実験によっては容器内の水素をパージ（排除）することがある。水素ガスは配管で排気される。超高圧の実験容器では容器内への配管が1本しかない場合があり，このパージ作業を10回以上行う場合もある。ヒヤリハットの事例からこの作業では水素置換の要領が悪く何度も警報を出している。ここで重要なのは警報を出さないことではなく，危険な状態にならないことである。

　以前，炭鉱では一酸化炭素COを自然発火の早期発見のため常時監視していた。炭鉱では坑道掘進のために爆薬による発破を利用している。この発破では少なからぬCOが発生するので，短時間ではあるが必ず監視の警報レベルを大きく上回る。このたびに警報を出していたのでは業務に重大な支障をきたす。そこで，発破を行う際には，その予定された時間に観測したCOのピークは警報を出さないようにしていた。水素パージにおける漏洩は総量が危険でない状態ならば，警報レベルを超えることを許容することも考えて良いのではないだろうか。

　ヒヤリハットによりこれまでに判明しているその他の問題には
1) 集中配管は環境によっては短期間でガスの漏洩を生じることがある，
2) センサーは経年変化を生じ，誤報を生じる，
などがある。

4. リスクの低減策
4.1 多重の安全
　水素災害防止のためには，図9に示すように水素の漏洩から，拡散・集積，着火・火災を経て爆発に至る各段階で，漏洩量制限，水素排除，電源遮断，燃焼抑制などの対策を講じることが必要である。

4.2 最大量の制限
　あるガス会社の安全指針は「モラスナ，タメルナ，ツケルナ」である。水素を一切漏らさなければ安全は確保できる。しかし，それが無理なことはヒヤリハット報告から明らかである。ここでは次のタメルナを考える。最も危険なケースは密閉性の高い部屋で水素が漏洩することである。このとき最大量を制限できれば安全である。通常の水素ボンベ1本には$7\,m^3$の水素が入っている。例えば，面積$25\,m^2$高さ$3\,m$の部屋で全量漏れ，完全に混合したとすると，

第6章 九州大学における水素施設の安全対策

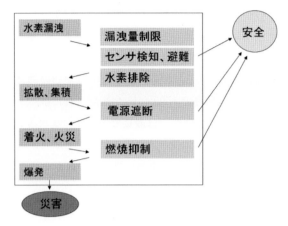

図9 水素災害防止フロー

水素濃度は 8.5％程度になる。この濃度は燃焼範囲内であり危険である。容量が $1.5\,\mathrm{m}^3$ のボンベもある。このボンベで同じ漏洩が起きた場合，水素濃度は 2％程度になる。この濃度は燃焼範囲外であり安全である。経費は高くなるが，筆者の研究室では通常の $7\,\mathrm{m}^3$ ではなく $1.5\,\mathrm{m}^3$ のボンベを使用している。

4.3 水素の拡散

実験[6]によれば水素が漏洩した場合，その水素は直ちに周囲の空気と混合し，天井に到達する頃には 20～30％程度に濃度が低下する。先の例に当てはめると $1.5\,\mathrm{m}^3$ の水素が漏洩すると，漏洩直後は天井付近には濃度 20％の水素が $0.3\,\mathrm{m}$ の厚さの層を形成することになる。この濃度は危険である。その後は分子拡散により徐々に均一になり，最終的に 2％程度の安全な濃度になる。では安全な濃度になるまでにどのくらいの時間が必要であろうか。図10 は拡散の方程式により求めた，水素濃度の時間変化である。時間とともに最大濃度は低下するが，しばらくは

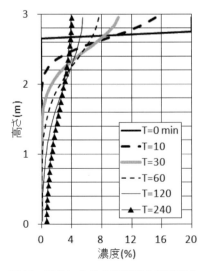

図10 拡散による水素濃度の時間変化

可燃範囲が広がる。240分後には全体が4％以下になり，安全な状態となる。このように拡散による水素の移動はきわめて遅い。「水素は拡散係数が大きいからすぐに拡散して安全である」という議論は間違いである。気流がある場合には拡散の影響はほとんど現れない。「水素濃度が浮力により再び濃くならないか」という質問を受けることがあるが，これは自然にはあり得ない。

4.4 常時換気を

　最終的には自然に安全な濃度に拡散するとしても，長時間危険な状態を放置することは望ましくない。すなわち，漏洩水素は気流により排除するべきであり，水素使用箇所は常時排気するのが適切である。漏洩が起こってからファン起動ではないほうがよい。常に流している方が検知も早い。このとき換気装置が過大であると水素再循環と誤報の問題が生じる。騒音が大きいと，作業者が使いたがらない問題が生じる。防爆タイプのファンは特殊なので選択の幅が少ない。しかし，通常の部屋の排気ファンは電動機まで防爆にする必要はない場合が多い。実質的に気流が通る部分だけで十分である。そう考えると通常のファンで使えるものが多く選択の幅が広がる。流量Qの空気を排気する場合，必要な圧力はQ^2に比例し，必要な電力はQ^3に比例する。従って，ある基準風量の1/10を常時排気することにすると，必要な電力は1/1000である。常時小風量を排気するのに要する電力はわずかである。

4.5 万一（燃焼）のときはここを壊す

　容器内（直径100 mm，高さ100 mm）でプロパンガスが燃焼した場合の上昇圧力を図11に示す[2]。パラメータは容器に開けた穴の直径（mm）である。本図の場合のみガスは水素ではないので留意されたい。容器が完全に密閉されている場合，圧力は700 kPa程度まで上昇する。開口部があると上昇圧力はかなり小さくなる。装置に圧力を維持する必要がない場合には，万一の異常燃焼に備えて破裂板のような圧力を逃がす工夫を施すことが望ましい。なお，理論計算では，水素燃焼の最大圧力は820 kPa程度であるので，圧力に関してはプロパンのデータとあまり変わらないと考えられる。

　強固な壁で部屋を作るのも1つの安全対策であるが，圧力を上昇させないのも被害低減の

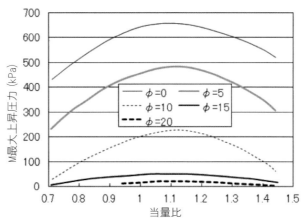

図11　容器内のプロパンガス燃焼時の上昇圧力

一つの方法である．実際3L程度の水素を天井下に集積し，着火しても，感じるような風圧は発生せず，炎に直接接しなければ何事も起こらない．230Lのポリ袋に10%の水素を入れて着火しても多少袋が膨らむ程度で危険は感じない．この程度の水素の開放空間での燃焼は短時間の熱以外に危険性はないと実感している．

5. センサーについて

5.1 水素センサーは水素専用ではない？

水素センサーにはいくつもの種類があるが，実用的に広く使用されているセンサーは，接触燃焼タイプ，熱伝導率タイプであり，どちらも水素のみを特定して検知するものではない．接触燃焼タイプは空気中に水素が多いほどセンサー素子部の燃焼（触媒酸化）による温度上昇が大きいことを利用している．酸素濃度が異なると出力も異なり，酸素がない状況では使用できない．従って水素があるのに，センサーでは水素濃度ゼロということがあり得る．また，他の可燃性ガスが混合していると測定値は信頼できない．さらに酸素と水素を消費するので小型の実験装置内では，これらの濃度が時間とともに減少する．

熱伝導率タイプはセンサー素子からの熱の放散が周囲の気体の熱伝導率に依存することを利用している．このため，酸素を消費しないが，空気以外のヘリウムや二酸化炭素など空気以外の気体が混合していると全く異なる値を示す．このように水素センサーは水素のみを測るものではないことを理解して使用しなければならない．

また，感度の良いセンサーの中には高濃度が測定できないものがある．このようなセンサーでは漏洩は素早く検知するが，最大濃度が不明で，実際に水素漏洩がどれだけ危険であったかがわからず，事態の深刻さを検討できない．

5.2 センサーはどこにつける？

水素拡散挙動に関し，図12のような水平な天井（半径約1.2m，ほぼ円形）があり，50cm下方から水素が漏洩（48L/min）する場合の実験を行った．同図に水素濃度の時間変化を示す．漏洩の中心からの半径方向距離（r）が同じであれば，天井面（d=0）の濃度が天井下（d=8cm）の濃度より大きい．すなわち，センサーは天井面につけたほうがより早く検知できる．この漏洩量の場合，天井から離れた位置（d=8cm）ではセンサーの感度が約0.2%以内でなければ検知できないということもわかる．一般にどのような場合でも天井面にセンサを置くのが早期検知が可能と示されている．

5.3 ちゃんと換気できているか：換気口の位置

水素を集積させないためにはどのような排気方法が適切かという検討を行った．図13は天井からどの程度の距離で吸引すれば良いかを検討したものである．この実験は室内なのでヘリウムで代用している．ガスを模擬天井直下にできるだけ乱れがないように放出した．このとき図14の破線に示すように，天井におけるガスの最高濃度はほぼ30〜35%であり，これより高くなることはない．ある程度集積したところで10cm下の位置で吸引すると濃度はほぼ0%程度まで低下する．吸引口が20cm下ではほとんど吸引できない．

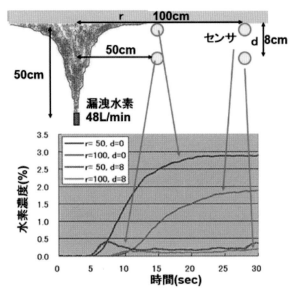

図 12 天井付近での水素濃度変化

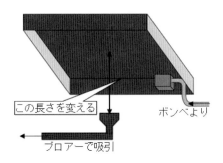

図 13 水素の天井集積のモデル

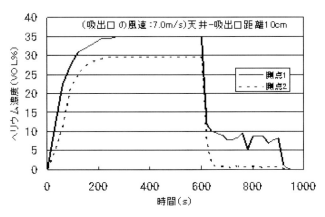

図 14 天井直下のヘリウム濃度の時間変化

6. 結 び

　水素を使っていて，驚いたことが数度ある。濃度測定の不備で予定外の強い燃焼が2回あり，こんなにしぶとく燃える，あるいは消えないと感心したことが2回である。後者は燃焼実験の後，容器に接続した燃料チューブ内で燃焼が継続していた。これは，高速度カメラでの画像から偶然発見した。それまで燃焼実験後，流量計が必ずエラー表示をしていたが原因が不明であった。その後電磁バルブを追加することで解決した。もう一件では水素ガスを止め忘れていたので，燃焼が継続していたが，水素は炎が見えず気がつかなかった。チリチリという音と臭いで，容器が焦げているのを発見した。水素は他の可燃ガスとは違うことを実感した。現在ガス供給は全てコンピュータにより制御するようにしている。

　ヒューマンエラーの観点からすればエラーの原因を「注意不足」とするのは，「人間だから」とするのと同じで有用な原因の特定ができたとは言えない。人間に常に細心の注意を払うことを要求するのは無理であることを前提に，

1) 水素の利用はいまだ未知の領域でありリスクが大きいことを認識
2) 水素の危険性に対して的確な安全対策を実施すること。このためには想定力が必要
3) 設備の欠陥などのハード面だけでなく作業者のミスなどのソフト面での安全対策を充実すること
4) 事故，災害の発生防止に注意するとともに，被害の拡大防止についても対策を充実させること

が必要である。新しい技術は新しい災害をもたらしてきた。今回はそうならないことを切に願っている。

文　献

1) 佐藤保和：安全に関わる水素の性質, 安全工学, **44**(6) (2005).
2) 森山哲：電気設備の安全入門, 安全工学, **46**(3) (2007).
3) 柳生昭三：ガスおよび蒸気の爆発限界, 安全工学協会 (1997).
4) 吉川典彦, 斎藤寛泰：水素ステーション爆発危険性評価と安全対策, ECO industry, **9**(10) (2004).
5) 桐田一吉：安全工学, 共立出版 (1971).
6) 井上雅弘, 月川久義, 金山寛, 松浦一雄：ダクト内および天井下における漏洩水素の拡散に関する実験的研究, 水素エネルギーシステム, **34**(1) (2009).

索 引

英数・記号

0.2%耐力 σ0.2 ……………………… 52
70 Mpa ……………………………… 91
ANSI（米国国家規格協会）………… 106
CARS ……………………………… 150
CCS ………………………………… 167
CFRP ………………………………… 93
CGA（高圧ガス協会）……………… 187
Composites Dream ………………… 65
CSA（カナダ規格協会）…………… 106
EPDM ゴム ………………………… 123
FCV …………………………… 91, 102
FC バス ……………………………… 91
FW …………………………………… 93
GCU ………………………………… 175
GFRP ………………………………… 174
HAZID ……………………………… 177
HAZID study ……………………… 134
Hazmat Team（危険物処理班）…… 187
HAZOP ……………………………… 177
Hydrogen
　compatibility ……………………… 5
　Hydrogen suitability ……………… 5
ICCD カメラ ……………………… 149
IGC コード ………………………… 170
IMO ………………………………… 167
IR 通信 ……………………………… 103
JPEC-S0001（2016）………………… 88
JPEC-TD（0003）…………………… 89
KHKTD 5202 ………………………… 93
LIDAR ……………………………… 147

MPS；Moving Particle Semi-implicit 法 … 60
Nd：YAG レーザ ………………… 146
NDIS 2431（2018）………………… 89
NEDO ……………………………… 92
NTSB（国家運輸安全委員会）…… 187
O リング …………………………… 121
SAE J2601 ………………………… 102
Sandia National Laboratories ……… 5
SCM435 …………………………… 95
SNCM439 ………………………… 192
S-N
　曲線 …………………………… 53, 94
　特性 ……………………………… 53
SOLAS 条約 ……………………… 171
Space shuttle ……………………… 3
SSRT 試験 ………………………… 51
SUS440C ………………………… 193
T40 カテゴリ（－40〜－33℃）… 104
WiseTex …………………………… 63

あ行

アイランド ………………………… 106
圧縮永久歪み率 …………………… 122
圧縮機 ………………………… 91, 184
圧縮水素
　充填技術基準（JPEC-S003（業界基準））
　 ……………………………………… 102
　スタンドの保安検査基準 ………… 88
　蓄圧器用複合圧力容器に関する技術文書
　 ……………………………………… 93
厚肉円筒 …………………………… 50

圧力（供給燃料圧力）・・・・・・・・・・・ 105
　上昇率；Average Pressure Ramp Ratio,
　　　APRR ・・・・・・・・・・・・・・・・・ 103
　センサ・・・・・・・・・・・・・・・・・・・・・・・・ 102
　平衡器・・・・・・・・・・・・・・・・・・・・・・・・ 11
　容器・・・・・・・・・・・・・・・・・・・・・・・・・・ 81
アルミニウム合金・・・・・・・・・・・・・・・ 93
安全
　〜上重要な設備；Safety critical element,
　　　SCE ・・・・・・・・・・・・ **134**
　対策・・・・・・・・・・・・・・・・・・・・・・・・・ 134
　〜弁・・・・・・・・・・・・・・・・・・・・・・・・・ 185
　〜率・・・・・・・・・・・・・・・・・・・ 98, 114
アンチストークス光・・・・・・・・・・・・ 144
一方向繊維強化複合材料（UD材）・・・ 61
一様伸び・・・・・・・・・・・・・・・・・・・・・・・ 86
一般高圧ガス保安規則・・・・・・・・・・ 181
異方損傷モデル・・・・・・・・・・・・・・・・・ 66
イメージインテンシファイア・・・・・ 149
陰極電界水素チャージ法・・・・・・・・・ 23
影響度・・・・・・・・・・・・・・・・・・・・・・・・ 136
液圧インパルス試験・・・・・・・・・・・・ 193
液化
　水素ローリー・・・・・・・・・・・・・・・・ 187
　石油ガス保安規則・・・・・・・・・・・・ 182
エネルギーキャリア・・・・・・・・・・・・ 134
円周応力σθ・・・・・・・・・・・・・・・・・・・・ 50
円筒面・・・・・・・・・・・・・・・・・・・・・・・・ 121
応答速度・・・・・・・・・・・・・・・・・・・・・・ 162
応力
　振幅・・・・・・・・・・・・・・・・・・・・・・・・・ 67
　〜比・・・・・・・・・・・・・・・・・・・・・・・・・ 51
応力拡大係数・・・・・・・・・・・・・・・・・・・ 56
　範囲・・・・・・・・・・・・・・・・・・・・・・・・・ 57
オーステナイト系ステンレス鋼（SUS316L）
　　　　・・・・・・・・・・・・・・・・・・・ 37, 51

オーステナイト相・・・・・・・・・・・・・・・ 41
遅れ
　時間・・・・・・・・・・・・・・・・・・・・・・・・ 125
　破壊・・・・・・・・・・・・・・・・・・・・ 5, 192
　破壊限度応力・・・・・・・・・・・・・・・・・ 25
温度
　（外気温度）・・・・・・・・・・・・・・・・・・ 104
　（供給燃料温度）・・・・・・・・・・・・・・ 105
　センサ・・・・・・・・・・・・・・・・・・・・・・ 102

か行

カードル・・・・・・・・・・・・・・・・・・・・・・ 185
ガイドワード・・・・・・・・・・・・・・・・・・ 135
火炎検知器・・・・・・・・・・・・・・・・・・・・ 100
拡散
　挙動・・・・・・・・・・・・・・・・・・・・・・・・ 149
　〜性水素（量）・・・・・・・・・・・・ **24, 94**
　〜の活性化エネルギー・・・・・・・・・ 22
加工誘起マルテンサイト変態・・・・・ 41
火災・・・・・・・・・・・・・・・・・・・・・ 136, 183
ガス
　拡散係数・・・・・・・・・・・・・・・・・・・・ 124
　検知器・・・・・・・・・・・・・・・・**106, 140**
　透過曲線・・・・・・・・・・・・・・・・・・・・ 126
　透過係数・・・・・・・・・・・・・・・・・・・・ 124
　透過特性・・・・・・・・・・・・・・・・・・・・ 122
ガスバリア層・・・・・・・・・・・・・・・・・・・ 93
カソード反応・・・・・・・・・・・・・・・・・・・ 22
褐炭・・・・・・・・・・・・・・・・・・・・・・・・・・ 168
可燃性ガス・・・・・・・・・・・・・・・・・・・・ 183
換気口の位置・・・・・・・・・・・・・・・・・・ 210
貫通穴・・・・・・・・・・・・・・・・・・・・・・・・ 193
希釈ガス・・・・・・・・・・・・・・・・・・・・・・ 202
気体熱伝導式センサ・・・・・・・・・・・・ 162
擬へき開割れ・・・・・・・・・・・・・・・・・・・ 27

キャノピー	106
亀裂	193
き裂進展速度	**94**
緊急	
放出弁	189
離脱カップリング	102
離脱カプラ	184
金属の脆化	99
空間濃度分布	147
空孔	**25**
クロムモリブデン鋼 SCM435	51
傾斜ユニットモデル	62
携帯型火炎可視化装置	157
結合エネルギー	23
結晶粒界	25
高圧ガス	
製造施設	141
〜の事故	181
保安協会	9
保安法	3
高圧水素	
貯蔵	3
容器	**91**
高圧水素ガス	49, 83, 161
トレーラ	184
〜用シール部材	122
高温焼け	191
高強度低合金鋼	**83**
高サイクル疲労試験	44
公式による設計	95
格子	
欠陥	**22**
脆化理論	29
鋼製	
金属円筒	93
蓄圧器	**81**

小型光学式水素ガスセンサ	**145**
国内初の商用水素ステーション	82
コヒーレントアンチストークスラマン散乱法	
	151
ゴム弾性	121
固溶熱	22
コンビナート等保安規則	181

さ行

サージ圧	114
サイクル腐食試験	23
最小着火エネルギー	200
シームレス管	96
シール（密封）原理	121
事故シナリオ	134
自然発火	183
室温高圧水素ガス	83
シナリオ分析	**134**
絞り	33, 52
社会実装	133
車載容器	3
シャドウグラフ	150
車両衝突防止柵	105
修正グッドマン線図	55
収着	122
充填	
圧力	97
回数	92
ノズル	184
プロトコル	**102**
ホース	193
寿命信頼性	68
消炎距離	202
昇温脱離法	**24**
上昇圧力	209

障壁	108	透過性	113
商用ステーション	111	濃度遠隔計測	147
シリコーンゴム	123	ボンベ	50
浸漬法	23		

水素ステーション (ST)
　　　　　　　　3, 33, 91, 133, 183

水素	93
環境脆化	5
基本戦略	133
局部変形助長理論	29
助長塑性誘起空孔理論	29
助長ひずみ誘起空孔理論	5
侵食	5
スタンドで使用される低合金鋼製蓄圧器の安全利用に関する技術文書	89
＝JPEC-TD 0003	
脆化	3, 49, 97, 113, 172
脆化感受性	25
**　脆性**	**49**
センサー	210
ディスペンサー概略機器構成	100
適合性	33
～の拡散	208
～の性質	199
～の大量放出実験	190
反応脆化	5
膨潤	205
漏洩検知器	100
割れ	94

水素火炎
**　可視化技術**	**154**
～の発光スペクトル	154
領域	155

水素ガス
**　可視化**	**149**
環境暴露法	23
**　脆化**	**5**
センサ	145

～の安全対策	99
～用高圧水素充填ホース	111
数値流体力学	163
ストークス光	144
ストライエーション（間隔）	57
ストレート型	96
スパイラル構造	112
静止角度	115
脆性破壊	192
静電気	**183**
性能規定書；Performance standard, PS	**134**
積層真空断熱	169
石油エネルギー技術センター（JPEC）	93
接触燃焼	210
接触燃焼式センサ	162
繊維垂直方向き裂（トランスバースクラッチ）	61
繊維破断	67
相対絞り	36

た行

耐圧設計	114
耐圧防爆構造	107
耐破壊性	122
タイプ4容器（樹脂容器を樹脂層で覆った車載用高圧水素容器）	103
タイムラグ法	125
炭素繊維	
強化複合材料	59

強化複合容器·················· 185
　　強化プラスチック··············· 93
蓄圧器···················· 81, 91, 184
着火源······························ 183
中空試験片························ **34**
　中実試験片························ 33
超音波探傷試験（UT）··········· **87**
　つぶし代························· 121
　つぶし率························· 121
　定荷重試験······················· 25
　低合金鋼························· 95
　低サイクル疲労試験··············· 44
　ディスペンサー··············· 91, 184
低速度引張；SSRT試験··········· **33**
　定置型水素火炎可視化装置········ 155
　低歪み（ひずみ）速度引張試験；Slow Strain
　　Rate Technique, SSRT········· 6, 83
　低ひずみ速度引張試験法··········· 27
転位······························ **25**
　転位と水素の相互作用············· 28
　天然ガス自動車搭載用容器········· 94
　砥石研磨························· 36
　等エントロピー流れ·············· 162
　道路運送車両法···················· 3

な行

内圧式高圧水素ガス法············· **49**
　内部可逆水素脆化··················· 5
　二次イオン質量分析法·············· 24
　二軸応力························· 50
ニッケル当量····················· **51**
　熱線型半導体式センサ············ 162
　ネルソン線図······················· 8
　燃焼速度···················· 200, 202
　燃焼（濃度）範囲············· 99, 201

燃料電池
　自動車（FCV）··············· 3, 111
　〜車···························· 102

は行

爆ごう···························· 202
爆燃···························· 202
爆発························ 136, 183
裸火······························ 183
破断伸び··························· 52
パッケージ方式···················· 91
発生頻度·························· 136
発電機タービン··················· 188
バフ研磨··························· 36
破面······························· 56
破面観察··························· 56
バリア···························· 107
パルスレーザ光··················· 146
破裂（板）·················· 183, 209
半導体レーザ励起固体レーザ······· 148
非拡散性水素····················· **24**
光計測擬技術····················· 143
光電子倍増管（PMT）············· 146
光ファイバ······················· 145
歪み制御··························· 44
引張
　試験························ 25, 51
　強さ························ 52, 86
避難指示························· 194
非破壊検査（装置）············ 87, 96
火花····························· 183
ヒヤリハット····················· 204
表面粗さ··························· 36
疲労
　解析····························· 89

強度･････････････････････････････ 53
　　～限･････････････････････････････ 94
　　限度（線図）････････････････ **53, 55, 67**
　　試験･････････････････････････ 51, 84
　　寿命･････････････････････････ 53, 67
　　破壊じん性値･･･････････････････ 56
　　破面･････････････････････････････ 57
　　割れ････････････････････････････ 194
　疲労き裂･････････････････････････ 57
　　進展解析･････････････････････ 8, 86
　　進展寿命･････････････････････････ 86
　　進展速度･････････････････････････ 84
　　進展特性････････････････････････ **57**
ピンゲージ･････････････････････････ 36
フィラメントワインディング･･･････ 65
フープ巻･････････････････････････ 65, 93
フープラップ式複合圧力容器････････ 91
プール火災･･････････････････････････ 137
フォールバック･････････････････････ 104
フラメントワインディング･･･････････ 93
ブリスタ･･･････････････････････････ 122
フルラップ式複合蓄圧器････････････ 93
ブレーキドラムの引きづり･････････ 185
プレート構造･･･････････････････････ 112
フレームアレスター････････････････ 202
プレクーラー････････････････････････ 91
プレクール･････････････････････････ 104
フレネルレンズ････････････････････ 148
平均応力･･･････････････････････ 51, 67
米国機械学会；ASME ･････････････ 3
米国自動車技術会；Society of Automotive
　Engineers ･･･････････････････････ 102
平面固定･･････････････････････････ 121
ヘリカル巻････････････････････ 65, 93
ベントスタック････････････････････ 191
保安検査･････････････････････････ **91**

周期････････････････････････････････ 89
防火壁････････････････････････････ 137
放出管･････････････････････････ 191, 192
放電加工･･････････････････････････ 35
防爆････････････････････････････････ 202
　構造････････････････････････････ **100**
補強
　材質･･････････････････････････････ 113
　密度･･････････････････････････････ 114
ポテンシャルエネルギー････････････ 22
本質安全防爆構造･････････････････ 107
ボンベ型･･････････････････････････ 96

ま行

マクロ構造･････････････････････････ 59
マルチスケール解析技術･･･････････ 59
満充填（State of Charge　以下SOC＝100％）
　･････････････････････････････････ 102
ミクロ構造･･････････････････････････ 59
溝充填率･･････････････････････････ 121
メゾ構造････････････････････････････ 59
メチルシクロヘキサン；Methylcyclohexane,
　MCH ･･･････････････････････････ 135

や行

野外実験･･････････････････････････ 161
焼戻し･･････････････････････････････ 52
焼戻しマルテンサイト鋼･･･････････ 24
有機ハイドランド型水素ステーション
　･･････････････････････････････ 134, 135
溶解拡散機構････････････････････ 123

ら行

ラマン
　イメージ･････････････････････････ 150
　効果････････････････････････････ 144
　散乱光･･････････････････････････ 144
　シフト･･････････････････････････ 144
　セル････････････････････････････ 151
リアルタイム････････････････････････ 145
リスク分析･･･････････････････････ 134
リスクマトリクス･･･････････････････ 138

粒界割れ･････････････････････････ 27
粒子法････････････････････････････ 59
レーザ光･･････････････････････････ 145
冷間伸線パーライトコウ････････････ 24
冷凍保安規則･･････････････････････ 182
漏洩･･･････････････････････････ 161, 183
　拡散････････････････････････････ 161

わ行

ワイヤカット････････････････････････ 35

水素利用技術集成 Vol.5
水素ステーション・設備の安全性

発行日	2018年12月14日 初版第一刷発行
監修者	井上 雅弘
発行者	吉田 隆
発行所	株式会社 エヌ・ティー・エス
	〒102-0091 東京都千代田区北の丸公園2-1 科学技術館2階
	TEL.03 (5224) 5430　http://www.nts-book.co.jp/
印刷・製本	株式会社 ニッケイ印刷

ISBN978-4-86043-571-4

Ⓒ2018　井上雅弘，横川清志，高井健一，緒形俊夫，上野明，倉敷哲生，
今肇，直井登貴夫，烏巣秀幸，荒島裕信，高野俊夫，櫻井茂，下村一普，
古賀敦，坂本惇司，三宅淳巳，朝日一平，杉本幸代，茂木俊夫，加賀谷博昭，
孝岡祐吉，堀口貞玆．

落丁・乱丁本はお取り替えいたします。無断複写・転写を禁じます。
定価はケースに表示しております。
本書の内容に関し追加・訂正情報が生じた場合は、㈱エヌ・ティー・エスホームページにて掲載いたします。
※ホームページを閲覧する環境のない方は、当社営業部(03-5224-5430)へお問い合わせください。

エネルギー関連図書

※本体価格には消費税は含まれておりません。

	書籍名	発刊日	体裁	本体価格
1	ポストリチウムに向けた革新的二次電池の材料開発	2018年2月	B5 372頁	42,000円
2	再生可能エネルギー開発・運用にかかわる法規と実務ハンドブック	2016年3月	B5 414頁	38,000円
3	蓄電システム用二次電池の高機能・高容量化と安全対策 〜材料・構造・量産技術,日欧米安全基準の動向を踏まえて〜	2015年7月	B5 280頁	43,000円
4	水素利用技術集成 Vol.4 〜高効率貯蔵技術,水素社会構築を目指して〜	2014年4月	B5 354頁	41,000円
5	シェール革命 〜経済動向から開発・生産・石油化学〜	2014年1月	B5 318頁	30,000円
6	藻類オイル開発研究の最前線 〜微細藻類由来バイオ燃料の生産技術研究〜	2013年11月	B5 228頁	28,000円
7	微生物燃料電池による廃水処理システム最前線	2013年10月	B5 254頁	35,000円
8	リチウムに依存しない革新型二次電池	2013年5月	B5 266頁	41,600円
9	サーマルマネジメント 〜余熱・排熱の制御と有効利用〜	2013年4月	B5 636頁	44,800円
10	高性能リチウムイオン電池開発最前線 〜5V級正極材料開発の現状と高エネルギー密度化への挑戦〜	2013年2月	B5 342頁	42,000円
11	環境発電ハンドブック 〜電池レスワールドによる豊かな環境低負荷型社会を目指して〜	2012年11月	B5 444頁	46,600円
12	藻類ハンドブック	2012年7月	B5 824頁	38,000円
13	高効率太陽電池 〜化合物・集光型・量子ドット型・Si・有機系・その他新材料〜	2012年5月	B5 376頁	39,000円
14	知っておきたい熱力学の法則と賢いエネルギー選択 〜アメリカの科学者が提案するエネルギー危機克服法〜	2012年2月	A5 282頁	1,800円
15	ワイヤレス・エネルギー伝送技術の最前線	2011年2月	B5 432頁	46,800円
16	ポリマーフロンティア21シリーズNo.32 有機薄膜太陽電池	2010年8月	B5 188頁	27,000円
17	セルロース系バイオエタノール製造技術 〜食料クライシス回避のために〜	2010年3月	B5 424頁	42,800円
18	次世代パワー半導体 〜省エネルギー社会に向けたデバイス開発の最前線〜	2009年10月	B5 400頁	47,000円
19	高性能蓄電池 〜設計基礎研究から開発・評価まで〜	2009年9月	B5 420頁	45,200円
20	水素利用技術集成 Vol.3 〜加速する実用化技術開発〜	2007年6月	B5 780頁	47,600円
21	水素利用技術集成 Vol.2 〜効率的大量生産・CO$_2$フリー・安全管理〜	2005年5月	B5 396頁	45,000円
22	水素利用技術集成 〜製造・貯蔵・エネルギー利用〜	2003年11月	B5 604頁	47,200円